PEIWANG SHIGONG DUOGONGNENG ZUOYECHE
CAOZUO YU YINGYONG

配网施工多功能作业车
操作与应用

国网宁夏电力有限公司　编

中国电力出版社
CHINA ELECTRIC POWER PRESS

图书在版编目（CIP）数据

配网施工多功能作业车操作与应用 / 国网宁夏电力有限公司编. —北京：中国电力出版社，2023.12
ISBN 978-7-5198-8219-8

Ⅰ. ①配… Ⅱ. ①国… Ⅲ. ①配电系统–电力工程–工程施工 Ⅳ. ①TM727

中国国家版本馆 CIP 数据核字（2023）第 198445 号

出版发行：中国电力出版社
地　　址：北京市东城区北京站西街 19 号（邮政编码 100005）
网　　址：http://www.cepp.sgcc.com.cn
责任编辑：雍志娟
责任校对：黄　蓓　李　楠
装帧设计：郝晓燕
责任印制：石　雷

印　　刷：三河市万龙印装有限公司
版　　次：2023 年 12 月第一版
印　　次：2023 年 12 月北京第一次印刷
开　　本：787 毫米×1092 毫米　16 开本
印　　张：18
字　　数：377 千字
印　　数：0001—1000 册
定　　价：108.00 元

本书编委会

主　任　王国功

副主任　张韶华

委　员　张鹏程　何玉鹏　张金鹏　张仁和

　　　　张少敏　赵晓琦　唐　婷　岳文泰

本书编写组

组　长　何建剑

副组长　赵晓琦

成　员　李互刚　李　刚　余　伟　尹继明

　　　　黄　东　马建华　蒋惠兵　季　升

　　　　孙　伟　王　斌　郑　娜

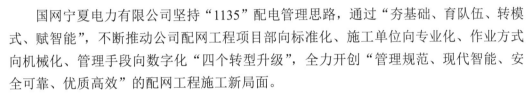

序 言

国网宁夏电力有限公司坚持"1135"配电管理思路，通过"夯基础、育队伍、转模式、赋智能"，不断推动公司配网工程项目部向标准化、施工单位向专业化、作业方式向机械化、管理手段向数字化"四个转型升级"，全力开创"管理规范、现代智能、安全可靠、优质高效"的配网工程施工新局面。

在传统的配网施工中，在立杆作业、电缆敷设、设备安装等环节，施工人员主要依靠人工及吊车、挖掘机等传统机械装备，工作周期长，施工效率低。随着自动化、人工智能、物联网等技术的不断发展，国网宁夏电力有限公司落实配网工程施工转型升级工作要求，积极推进机械化数字化施工技术应用，深入开展新型作业机械在基础开挖、杆塔组立、放线敷缆等施工场景上的应用。采用施挖钻立一体车进行钻坑作业，实现快速转换、钻坑、立杆等各流程作业，独立完成挖掘、运杆、钻坑、立杆、夯实等全流程机械化；采用架空一体化作业车可通过一台车辆实现放紧线、安装柱上变压器、制作拉线等功能，大幅提升施工作业效率；运用多功能线缆牵引车，实现高压电缆的智能化敷设作业，设备运用大量传感器，实现高压电缆智能牵引、智能输送、智能监测等系统，进一步提高电缆敷设效率，降低施工安全风险。

国网宁夏电力有限公司全面落实公司"一体四翼"高质量发展和安全生产工作要求，加快推进配网施工转型升级，全面提升配网工程建设质效。通过配网施工多功能新型作业车深度应用，推动配网工程管理实现转型升级，实现设备、业务、管理、系统数字化，赋能智慧作业，护航配网作业安全，助力自治区地区经济高质量发展。

通过编制《配网施工多功能作业车操作与应用》书籍，阐述配网施工多功能新型作业车应用场景及功能、操作说明等，并编制多功能新型作业车考核评估体系表，做好理论、实操培训，以赛促练，全面促进人员专业技能提升。本套书籍的编制，为推广机械代人、机械减人新型施工作业模式奠定坚实知识基础，可进一步强化配网专业人才队伍建设。

编者著

2023 年 12 月

目 录

第三部分　配网施工特种作业车驾驶与操作篇

第四部分　配网施工多功能新型作业车的应用发展篇

第一部分

电力工程车辆应用发展篇

第1章

配网施工电力工程车辆的发展

1.1 常用电力工程车及其作用

1.1.1 电力工程车辆概述

电力工程车是专为电力领域设计的多功能专用车辆，旨在支持电力设施的建设、维护和抢修工作，车辆搭载了先进的技术和设备，涵盖了配网施工、输电线路维护、变电站检修等多个任务领域。由于车辆本身的特性，即智能化操作、自动化技术以及高效的工作能力，使得电力工程车能够快速应对电力系统的各种需求，保障电力供应的稳定性和可靠性，同时，在一定程度上，提高施工效率，降低了施工安全风险，保障施工人员安全。

1.1.2 常用电力工程车

（1）施工吊车。

施工吊车是一种专门用于施工现场的起重设备，具备较大的起重能力和高空作业能力。它能够安全、高效地吊装和安装重型设备、建筑材料等，广泛应用于建筑、基础工程、道路建设、桥梁施工以及电力工程等领域。施工吊车因具备灵活性和操作便捷性，能够在有限空间内转动和移动，满足不同施工现场的需求。通过提供稳定的支腿或配重系统，它确保了吊装操作的安全性和稳定性，提高了施工效率，并减轻了劳动强度，因此在电力工程领域得到广泛应用。

吊车在电力工程方面发挥着非常重要的作用。首先，吊车能够用于电力设备的安装和维护。在电力工程施工过程中，需要安装和更换大型的变压器、发电机组、输电线路等重要设备和构件，吊车能够提供强大的起重能力，高效、准确地完成这些任务；

其次，吊车可以用于电力线路的施工和维护。电力线路通常需要铺设在高空或复杂地形中，吊车配备高空作业平台或伸缩臂，能够进行高空起重和线路敷设工作，提供安全、高效的施工解决方案；此外，吊车还可用于电缆敷设和维护工作。电缆的敷设需要精确的位置控制和高度稳定性，吊车配备精确的导航和定位系统，能够准确地进行电缆的敷设和维护。

吊车在电力工程中的应用不仅提高了施工效率，还确保了工程的质量和安全性，通过其起重能力、高空作业能力和精确控制等特点，为电力设备的安装、线路的施工和维护、电缆的敷设等工作提供了可靠的解决方案。

（2）挖掘机。

挖掘机作为重型工程机械设备，主要用于土方工程建设和施工挖掘作业。挖掘机由底盘、斗杆、斗及液压系统等组成部分，通过斗杆和斗的协作，能够进行土方开挖、回填、挖掘、装载等多种作业。挖掘机通常具备强大的挖掘能力和灵活的机动性，能够适应各种工地环境和作业需求，因而被广泛应用于建筑工程、道路施工、矿山开采、河道整治等领域。

挖掘机在电力工程领域的应用也十分广泛。主要用于电力设备的安装和维护工作，包括大型变压器、发电机组、输电线路等的安装、拆卸和定位。基于挖掘机本身强大的挖掘能力和较强稳定性，使其能够高效、精准地完成这些重型设备的吊装和安置工作。

挖掘机还可用于电力线路的施工和维护，通过挖掘机的配备高空作业平台或伸缩臂，能够在高空进行起重作业，满足电力线路敷设和设备安装的复杂需求。挖掘机在电力工程中的应用，提高了施工效率，确保了工程的质量和安全性，成为电力工程领域不可或缺的重要设备。

相比于其他的特种作业车辆，挖掘机的操作相对简单，操作人员需经培训后方可上岗驾驶。驾驶人员通过操纵手柄和脚踏板来控制挖掘机的运动和挖斗的工作状态，借助挖掘机高效快捷的施工能力、多功能性、适应性强和操作便捷，进一步提高配网施工效率，减轻人力劳动强度，在传统的电力工程作业中发挥着重要作用。

（3）打桩机。

打桩机是一种专门用于打入桩基的工程机械设备。它主要由底座、桩架、打桩锤及液压系统组成。打桩机通过液压系统提供强大的打击力，将打桩锤垂直下落，对桩基进行打击，将桩体逐渐打入地下，以达到工程施工要求。打桩机可根据需要选择不同类型的打桩锤和桩基，适用于不同地质条件和工程要求。它广泛应用于建筑工程、桥梁工程、码头工程以及电力工程施工等领域的基础施工中。

在电力工程作业中，打桩机主要用于驱动输电塔的桩基，确保塔结构的稳定性；变电站的基础桩建设，确保变电设备的安全运行；在风电场中，大型风力发电机需要稳固的基础来支撑。打桩机可以用来建设风力发电机的基础桩，确保风机的稳定性和效率。同时，打桩机还用于配网施工中的水电站建设、电缆井建设、变压器基础建设等。

（4）电缆敷设机。

电缆敷设机作为一种专业的施工设备，用于在不同环境和地形条件下高效、准确地布设电缆。它结合了自动化控制、定位技术和先进的机械结构，能够实现电缆的快速铺设，降低人工成本，同时保证施工的精度和安全性。电缆敷设机适用于各种规模的工程项目，从城市配电网到大型工业园区，都能为电力工程的顺利进行提供可靠的支持，是现代电力施工不可或缺的重要工具之一。

1.2　电力工程车在配电网施工中的应用

电力工程车在配电网建设施工中扮演着关键的角色，是现代电力工程不可或缺的工具。这些专用车辆结合了各种先进技术和功能，用于完成各种与电力配网相关的任务，从而提高施工效率、保障工作质量，同时降低人力成本和安全风险。电力工程在配网施工中的应用主要有以下几个方面：

电缆敷设：电力工程车通常配备了电缆卷盘和绞盘，能够高效地铺设电缆，包括地下电缆和架空电缆。通过自动化控制系统和定位技术，车辆能够准确控制电缆的位置和张力，从而保证电缆的安全铺设。

杆塔安装：配网涉及大量的电力杆塔，用于支持电力线路。电力工程车可以搭载起重装置和相关设备，用于杆塔的安装和维护。这些车辆能够高效地将杆塔吊装到预定位置，减少了人工操作的复杂性。

设备维护：配网施工中存在大量的电缆、开关设备、变压器等，这些设备需要定期维护和检修。电力工程车通常配备了维护设备，可以用于设备的检测、维修和更换，从而保障电力系统的稳定运行。

应急抢修：在突发情况下，如电力故障、天气灾害等，电力工程车可以迅速响应，前往现场进行抢修和恢复电力供应，确保用户的用电需求。

第2章

多功能新型作业车的发展与应用

2.1 多功能新型作业车的应用

2.1.1 多功能新型作业车的发展

随着科学技术、需求和社会环境的变化，配网施工在过去几十年中取得了显著的发展，正在不断地朝着更高效、更智能、更可持续的方向发展。技术的不断创新，自动化、人工智能、物联网等技术的不断发展，配网施工开始引入更多的智能化和自动化技术。新型的作业车、无人机、机器人等工具的应用，使得施工过程更加高效、精确，并降低了人工成本及作业风险，大大提高了配网施工效率。

在这段发展历程中，配网施工多功能性也逐步体现其特有的优势。配网施工多功能新型作业车的发展历程是一个融合了技术创新和电力行业需求变化的过程，经历了多个阶段的演变和改进：

（1）传统阶段。

在电力行业刚刚兴起时，工程车辆主要是基于传统机械设计，用于基础设施的建设，如杆塔搭建、电缆敷设等。这些车辆的功能单一，通常只能完成特定的任务。

随着工业化的推进，电力工程车辆逐渐实现了机械化。引入了一些起重装置和动力系统，使得施工效率得到提升，但多功能性仍然受限。

（2）电子化阶段。

进入 20 世纪末，随着电子技术的发展，电力工程车辆开始引入电子控制系统和传感器。这一阶段的车辆可以实现更多自动化功能，但仍然缺乏综合性的多功能设计。

（3）智能化阶段。

随着计算机技术和人工智能的兴起，电力工程车辆进入了智能化阶段。先进的控制系统、导航技术和传感器使车辆能够实现自主导航、自动化施工等功能，但仍然在多功能性方面存在挑战。

（4）多功能综合化阶段。

进入 21 世纪，电力工程车辆开始融合多种技术，逐步实现了多功能综合化。它们不仅具备智能化的操作功能，还能集成多种功能模块，如电缆敷设、设备安装、维护等。这些车辆具备更强的适应性和应变能力。

（5）数字化智能阶段。

当下时段，新型多功能电力工程车辆正在进一步数字化智能化发展。引入数据分析、云技术和物联网，使车辆能够实现更精准的作业规划、维护预测等功能，从而提高工作效率和可靠性。

2.1.2 多功能新型作业车的应用

（1）电缆敷设。

多功能新型作业车在线缆敷设中有着广泛的应用，它们通过智能化技术和高效的操作，提升电力线缆敷设的效率和质量，可以实现多场景的线缆敷设作业任务，比如地下电缆敷设、架空电缆敷设、远程监控和操控、复杂地形敷设、多线缆敷设等场景下的敷设。同时车辆本身还具备线缆数据监控、环境监控等功能，可进一步在线缆牵引过程中的保障施工作业质量。

（2）杆塔安装。

多功能新型作业车在杆塔安装方面具有高效、精确和安全的特点，采用先进的技术和设备，使杆塔的安装过程更加便捷和可靠。应用数字化技术可以实现精准定位，确定杆塔的准确位置和安装点位，确保杆塔安装的精确性；根据杆塔的大小和重量等特点，选择合适的吊装设备，将杆塔吊装到预定的位置，并能确保其垂直度和水平度等多种角度；在安装完成后，可实现杆塔的固定等系列任务。

（3）运维检修。

多功能新型作业车在电力检修维护方面有一定的突出点，在整车设计中，根据抢修场景，搭载多功能检修设备，在日常检修和紧急抢修过程中，对线路进行故障定位、设备更换等多方面的检修维护任务。

（4）应急抢修。

地质灾害等一系列的原因，造成供电线缆受损或无法正常供电时，过功能新型作业车，在线路应急抢修方面发挥着非常重要的作用。新型的多功能作业车，结合作业场景设计制造，能够应对多种极端环境下的应急抢修工作，实现快速反应，迅速解决的作业目标，恢复供电。

（5）导线架设。

在城市、农村等地区小规模电力线路建设、维护和改造等一系列施工作业中，根据施工需要，选择特定多功能新型作业车，因为新型作业车具有体积小、功能丰富、动力强劲的特点，可实现高空导线架设作业，完成配网施工作业任务。

2.2 新型电力工程车的优势

2.2.1 实现智能化自动化操作

相比传统的配网施工电力工程车，新型的配网施工多功能作业车有着更加智能化的操作方式、更加智能化的作业方法。电力新型作业车借助自动化控制、人工智能和传感器技术等，实现了操作的智能化和自动化。在很大程度上使得作业过程更加精确、高效，减少了人为错误和风险。

2.2.2 实现作业高精度定位

新型的多功能作业车在设计应用中，借助定位导航技术，能够实现高精度的定位和路径规划，通过内置的智能化场景，对作业环境能实现一定程度的测量和自身体位的检测。同时，结合应用高清智能监控系统，对周围环节实施监控，为车辆驾驶员提供 360 度无死角环境视野，这对于电力设备的安装、维护和故障排查至关重要，进一步提高了施工的质量和准确性。

2.2.3 模块化的设计

诸多多功能新型作业车辆采用模块化设计，不同的功能模块可以根据需要组合使用。使得单种车辆，可以搭载多元化的配网施工功能，使得车辆本身的用途更加广泛。这种设计增加了灵活性，使得同一设备可以适应不同的施工任务，减少了同一工作场景下，多应用电力施工设备的数量和使用成本。

2.2.4 远程监控和操控

新型电力工程车的远程监控和操控是指利用现代通信和网络技术，使操作员可以在远程位置实时监测和控制工程车的操作和状态。这种远程监控和操控技术在电力工程车的应用中具有重要的意义，它可以带来许多优势：

（1）实时监测。

远程监控系统允许操作员实时的监测电力工程车的位置、运行状态、工作负荷等参数。这有助于及时了解工程车的运行情况，预防潜在的问题。

（2）远程诊断。

通过远程监控，操作员可以获取工程车的故障报警和诊断信息。这使得在出现问题时，可以迅速定位故障，提前做好维修准备，减少停工时间。

（3）远程操作。

通过远程操控技术，操作员可以对电力工程车进行远程操作，如启动、停止、转向等。这在某些情况下，如紧急抢修、危险环境等，可以保障操作员的安全。

（4）路径规划。

对于需要在特定路径及工作环境中行驶或作业的工程车，远程监控系统可以进行路径规划，并在实时中指导工程车的行驶和施工作业，保证施工作业的准确性和安全性。

（5）操作调整。

远程监控和操控系统使得操作员可以实时调整工程车的操作，如调整工作平台高度、调整设备角度等，从而适应不同的工作任务。

（6）减少人员风险。

有些电力工程需要在危险环境中进行，远程监控和操控可以将操作员从危险区域中解放出来，降低操作员在危险环境中的风险。

（7）提高效率。

多功能新型作业车的投入使用，大幅度降低人力成本，使得繁杂、危险、耗时的工作任务运用机械化手段得到优化改善，降低人员成本，提高工程质量，很大程度上提高配网施工效率。

2.2.5 数据分析和预测

新型电力工程车的远程监控和操控将先进的通信和网络技术与工程车辆紧密结合，使操作员能够随时随地实时监测和控制车辆的运行状态和操作。通过远程监控，操作员可以及时掌握工程车的状况，同时，远程操控技术使得操作员能够远程调整车辆的运动、设备操作和角度调整等，提高操作的灵活性。这项技术不仅提升了作业的安全性，也加强了作业的高效性，为电力工程车的运行和管理带来了全新的可能性。

2.2.6 高效能应急响应

新型多功能作业车以其先进技术和综合设计，展现了在应急情况下的卓越能力。当电力系统发生突发故障或紧急情况时，可以迅速启动应急响应，在短时间内抵达施工现场，运用其超强的综合施工作业能力，迅速展开抢修工作，从而最大限度地减少了电力中断时间，保障了电力系统的稳定运行。

第二部分

多功能新型作业车应用
安全篇

第3章

配网施工特种作业车安全操作概述

3.1 施工应用安全管理

3.1.1 安全管理的重要性

电力特种作业车所处工作环境非常复杂且危险，通常需要进行严格的安全管理以确保工作的顺利进行。由于作业车在高压线路的维护中要特别小心，当电力特种作业车缺乏严格的安全管理措施下，有可能会引发严重的人身伤害以及财产损失。为确保作业车的安全，需在进行维护工作前，对相关人员进行全面的培训和资质认证，工作人员应了解与电力特种作业车工作相关的所有安全规定、操作指南以及应急措施，在此基础上且具备必要的专业技能和经验。而在高压线路维护中，需注意工作区域的安全标识和封锁措施，当作业车进入工作区域前，应设置明确的警戒线，使用可见的警示标志，以便其他人员能清晰地识别并保持距离。

3.1.2 车辆应用安全管理措施

健全的安全管理系统应包括一系列规范的操作程序，定期的设备检查和维护，以及全面的安全培训。这才能有效地确保工作环境的安全性和员工的生命安全，在其中，作业车的操作人员尤为重要。由于工作会涉及机械设备的操作，任何操作失误都会导致严重的安全事故，这也意味着作业车操作人员接受专业的安全培训必不可少。而对于电力特种作业车而言，安全培训应该包括但不限于以下内容：了解作业车的结构和工作原理；掌握它们的机械原理和操作方法；学习正确使用各种控制设备的方式；领悟作业车进行启动、驾驶和停车等操作。而由于电力特种作业车在一些环境下容易出现故障，因此，工作人员还需学会如何排除故障对作业车进行简单的维修。此外，想要实现安全管理，确保培训效果不能忽略，因此，工作人员需采用多种培训方式，除理论课程外，还应组织现场实践操作训练，使操作人员亲自参与实际的操作过程，在真实环境中练习应对各种情况的处理能力。

3.2　安全事故存在原因分析

3.2.1　缺乏实时监控和预警系统

传统的安全管理方法主要依赖于人工观察和反应，无法实时监控和预警，传统管理方法的局限性在于人类的感知能力与反应速度有限，难以及时发现和处理潜伏的危险。而在高空作业等危险环境中，任何一丝疏忽都可能造成严重的后果。但传统方法往往要等到事故发生后才能进行响应，这对于安全管理来说是远远不够的，缺乏实时监控和预警系统成为当前安全管理的一大问题，为弥补传统管理方法带来的不足之处，亟需一种新兴的措施，来解决这一大难题。

监控预警系统有助于帮助企业及时感知潜在的危险，以便做出及时的反应和处理措施，借助安装各种传感器和设备，能不间断地监测到各种安全隐患，如高温、有害气体等，及时发出警报以提醒工作人员采取相应措施。此外，在高空作业等环境中，安装摄像头可以实时拍摄到作业现场的情况，并通过图像识别技术分析监测出潜在的危险因素，当系统检测到有人员未佩戴安全帽、操作不规范等情况，就会自动发出警报，并将相关信息发送给管理人员，以便他们采取必要的行动。在此基础上，一些专门针对高空作业的安全监测设备由此诞生，例如，可以安装在作业人员身上的智能手环可以监测他们的心率、体温等生理信息，一旦出现异常变化，系统会立即提醒相应人员并寻求帮助。

3.2.2　操作及安全意识淡薄

在一些情况下，操作人员对安全意识的重要性缺乏足够的认识，他们可能会轻视安全操作规程，忽略现场的潜在风险。此种缺乏安全意识的态度给企业的生产经营带来了巨大的隐患，而还有一些操作人员存在侥幸心理，认为自己不会遇到事故，认为只有别人会出问题，这部分人员可能会忽略一些重要的安全细节，不认真执行安全措施。

在此环境下，操作及安全意识淡薄也成为一大问题，操作技能是操作人员从事岗位工作的重要条件，安全意识是从事岗位工作的意识形态保障，但由于操作人员对于安全意识的缺乏，对操作技能的忽视，使得部分员工对操作技能不关注，对安全行为不重视，在工作中违反安全规定，甚至故意破坏安全设施，此种行为进一步加剧事故的发生风险。尽管企业采取一定的安全管理措施，但仍然不能完全避免事故的发生，这是由于这些措施只是针对已知的风险而设计的，对于因为操作人员的行为不当或意外情况引发的新风险，这些措施可能无法完全发挥作用，当操作人员具备足够的安全意识，严格遵守安全规定，并形成良好的安全文化，企业才能真正实现安全生产。

3.3 规避电力特种作业车安全事故的途径

3.3.1 电力特种作业车的技术创新

（1）控制系统创新。

随着科技的不断进步，电力特种作业车的设备也在不断更新改进。在以往的施工作业操作过程中，往往都需要驾驶及操作人员亲自上前进行操作，面临着一定的安全风险。随着新型的遥控设备的应用，操作人员可以在安全的距离内对作业车进行控制，大大提高了作业的安全性和效率。新型的遥控设备不仅仅是简单的遥控器，而是经过精心设计和可靠优化，拥有更多的功能和性能。通过该设备，操作人员可以实时监测并控制作业车的各种参数，如电路系统的工作状况、设备运行速度、运行方向等。

（2）监控系统创新。

有些设备还配备了高清摄像头，操作人员可以通过实时视频画面全方位地观察作业车的工作环境，并作出相应的操作。为确保操作的稳定性和准确性，遥控设备还具备超高的灵敏度和反应速度。当操作人员通过遥控设备发出指令时，作业车会立即做出响应。这种即时反馈的特性，让操作人员能够精准地控制作业车的动作，从而减少了意外事故的发生。另外，新型遥控设备还具备防护措施，使其能够在恶劣的环境条件下工作。无论是在高温、低温、高湿、大风等极端天气条件下，该设备都能正常运行，不会受到外界条件的影响。这大幅提升了操作人员的工作舒适度和安全性。

通过这种先进的技术手段，操作人员能够在安全的距离内对作业车进行精准控制，避免了意外风险，同时还能实时监控作业车的各种参数，保证作业的准确性和稳定性。

3.3.2 技术创新提升安全性

通过技术创新，能进一步提升电力特种作业车的安全性，一般情况下能利用先进的传感器技术将这些传感器置于电力特种作业车的关键部位，如发动机、刹车系统以及重要结构上。这些传感器可以收集实时的数据，如温度、压力、速度等，并将其传输到一个主要的控制系统中。进而借助机器学习技术，能训练控制系统来识别和分析各种异常情况，例如温度过高、压力异常等。最后接触分析大量的数据，系统能建立一个准确的模型，以便及时识别出潜在的故障和安全风险。在此基础上，还能通过机器学习算法来分析历史数据和车辆使用习惯，以了解作业车在不同条件下的性能和表现。通过设定特定的阈值和规则，系统能及时发出警报，以便在事故发生前采取相应的措施，除实时监控和预警外，智能技术还有助于电力特种作业车的自动操纵。通过利用高精度地图和传感器技术，作业车能自主导航和避免障碍物，实现一定等级的自动操作作业，该技术的运营，能够减少人为操作的风险，提升作业车的效率和安全性。

3.3.3　技术创新提升效率

除了提高安全性之外，技术创新还可以在很多方面提升电力特种作业车的工作效率规避作业风险，通过引入自动化和智能化技术，在作业过程中能可以大大减少人工操作，从而减少人为因素带来的错误和延迟，减少安全事故发生概率。例如，利用无人驾驶技术实现车辆的自主导航，使得作业车能够更加准确而高效地完成任务。

技术创新还能提升作业车的工作精度，传统人工操作容易受到人员疲劳和注意力分散等因素的影响，导致操作不够准确。但引入自动化和智能化技术，作业车可以实现更加精确的运动控制和任务执行。例如，可以利用传感器和摄像头实时监测和反馈车辆的位置和工作状态，从而使其能够更精准地进行操作，提高作业质量和效率。且技术创新还可以提高电力特种作业车的响应速度和处理能力。自动化和智能化技术可以使作业车实现对任务的实时感知和快速响应，从而能够更加迅速地完成工作，技术创新还能提升作业车的处理能力，使其能够同时处理多个任务或更复杂的作业情境。例如，利用云计算和大数据分析技术对作业车的数据进行实时处理和优化，提高作业车的工作效率和智能化水平。

技术创新不仅可以提高电力特种作业车的安全性，还能够显著提升其工作效率。通过自动化和智能化技术的引入，能够减少人工操作、提高工作精度、提升响应速度和处理能力，从而使得电力特种作业车能够更加高效地完成各类任务，这为电力特种作业行业的发展带来更多机遇和挑战，同时也将助力推动电力行业的创新和进步。

3.3.4　智能监控系统引入

智能监控系统能借助摄像头传感器和数据分析技术来实现对特种作业车进行实时监控，此种系统能监测车辆的倾斜角度稳定性和操作员的行为，并实时监控车辆运行情况，及时发现潜在的安全风险并采取相应的措施。此项技术在电力特种作业车中应用较为广泛，在监测车辆的倾斜角度稳定性方面，智能监控系统能通过摄像头传感器采集车辆的倾斜角度数据，结合数据分析技术进行实时分析。倘若车辆倾斜角度超过安全范围，系统会立即发出预警并通知相关人员，以便及时采取措施避免意外事故的发生。

智能监控系统还可以监测操作员的行为。通过摄像头传感器可以实时获取操作员的动作和姿态，系统会对操作员的行为进行分析和识别，倘若发现操作员存在不当操作或危险动作，系统会及时发出警报并提醒操作员注意安全。这能有效提高特种作业车的安全性，除对特种作业车的实时监控，智能监控系统还能通过图像识别技术来实现对电力设备状态的监测和故障诊断。系统能通过摄像头对电力设备进行拍摄，并利用图像识别技术来分析电力设备的状态，倘若发现设备存在异常或故障，系统会立即进行故障诊断，并通知相关维修人员进行处理，以确保电力设备的正常运行。

第三部分

配网施工特种作业车驾驶与操作篇

第4章

施挖立（钻）一体车操作应用

4.1 车 辆 简 介

4.1.1 应用说明

施挖立（钻）一体机是一种多功能的配网施工作业机械设备，可以实现配网施工过程中立杆全流程作业任务，能有效提高立杆效率，降低施工风险。本类型车辆包含有两种，即钻立一体车和挖钻一体车，分别可以实现挖坑立杆和钻坑立杆，可应用于多种场景下的立杆作业施工任务。

图 4-1 钻立一体车

（1）钻立一体车介绍。

1）车辆介绍。

钻立一体车是立杆作业新型多功能车辆之一，区别于施挖立一体车的主要功能是，施挖钻一体车可应用专用钻杆，在特定施工区域进行钻坑作业，根据施工要求和电杆长度，钻出对应深度的电杆坑基，进行立杆作业。另外，施挖钻一体车应用环抱式夯土结构，对回填后的坑基进行夯实，增加杆体的稳定性。

2）使用要求。

① 环境要求。

A. 工作温度 -20～+40℃；

B. 贮存温度 -25～+60℃；

C. 工作场地坡度：不大于 5°；

D. 工作风速：不大于 8.3m/s（六级风）。

② 工作等级：M2。

③ 载荷级别：L2。

④ 操作前要求。

A. 绕车巡视一周观察周围环境、障碍物及车身上是否有异物及胎压情况；

B. 观察液压油的油位，不低于 90 刻度值，是否有渗漏油；

C. 检查抓手快换部位的锁紧销是否扣紧；

D. 驾驶室，自检（是否报警），是否有告警，查看具体原因；

E. 作业路线勘察，掌握路面和基本作业范围的障碍路及转弯等情况；

F. 发动机启动后操作前，必须鸣笛警示。

（2）挖立一体机介绍。

1）车辆介绍。

挖立一体车，是施挖立（钻）一体车中的其中一种车型，本车型主要用于多种场景下的立杆作业工作。可以在特定作业场景下，快速实现挖坑、吊装、抓杆、立杆、回填、夯土等全流程的立杆作业。车辆构造方面同施挖钻一体车相似，不同点在于钻挖立一体车，是通过挖斗进行坑基挖掘，钻立一体车运用钻杆深钻来形成坑基；挖立一体车采用挖斗进行回填，应用震动锤头进行夯土，钻立一体车运用环抱式回填夯土装置进行回填夯土。

2）使用要求。

人员要求：

A. 驾驶人员必须具备对应车型的驾驶资格。驾驶人员必须参与书籍阅读、视频观看、实践训练等相关的培训活动。在对起重机进行任何一个操作提升前，必须熟悉各种操纵手柄的使用及相关运动，并通过对应车型驾驶操作的考核。

B. 驾驶人员应拥有较好的身体状况和精神状态。较好的视力、听力、协调能力和能够安全地完成起重机操作要求的所有任务。不能由于不适、无力而受影响，并且不应在服药或酒精后导致个人能力下降而操作车辆。

C. 驾驶员进行施工作业时，驾驶人员包括现场人员，必须佩戴安全头盔、手套、绝缘鞋等，保障施工作业安全进行。

3）责任及职责。

责任：起重机操作人员有义务掌握动力系统的启动及各种各样的操作特征到简单部件的拆卸与组装及保养维修工作。

操作人员必须重视安全规则和装置，也必须熟悉操作控制的使用和无伤害装卸技术。

职责：操作人员对起重机的正确操作负有完全责任，对于起重机的维修、装载操作和每一个动作要按上面提出的责任完成。

4.1.2　作业环境

（1）施挖立（钻）一体车应用环境。

施挖立（钻）一体车，主要适应于平原地带的配网施工立杆作业场景，可实现挖坑（钻坑）、抓杆、立杆回填夯土全流程作业的施工任务。

钻立一体车，不含辅具情况下重达 1.5t，轮式行走最大速度 12m/h，最大挖掘距离 6.6m，车辆所配备的钻孔工具（钻杆），最大钻坑深度 3m，可形成直径 90cm 的电杆坑基。挖立一体车所具有的最大抓力 2.3t，可以抓取 15m 及以下的电杆并完成立杆作业任务。对于 2.3t 及以下的电杆，最远抓取距离可达 6m，最大抓取高度为 3.8～6.2m。

挖立一体车主要通过发掘形成电杆坑基，整机约重 1.8t，轮式行走 20k/h，主工作臂最大挖掘距离 7.5m，最大挖掘深度 4.5m，副工作臂最大抓取高度为 8m，最大抓取幅度为 7m，最大抓取重量 2.3t，可以实现 15m 及以下的立杆作业场景。本车型夯土结构，最大打击力 4t，最大震动次数可达 2000RPM。

（2）施挖立（钻）一体车应用优势。

施挖立（钻）一体车为一体式的配网施工立杆机，车辆自身的功能特点，进一步保障施工质量和效率，施挖立（钻）一体车，有着以下作业优势：

1）本车采用轮式、履带相结合的行走方式，可根据路面环境进行交互替换使用，驾驶员在操作方面，可实现一键轮履切换，在平坦路面，应用轮式行走你，在复杂里面应用履带行走，需要注意的是，在施工作业，必须使用履带作为工作行走方式。

2）本车型还配备有智能监控和智能辅助立杆作业系统，360°监控施工作业环境，为驾驶员提供无死角的施工作业环境，在立杆作业时，操作驾驶人员可根据屏幕显示的准心，实际调节杆体角度，精准做到电杆入洞。

3）一体化设计，可以实现钻、挖，抓杆立杆，回填夯土的全流程作业，相比于传统电力工程车，减少了人力操作环节，可以大大减轻施工人员的工作强度。

4.1.3　关键部件介绍

（1）钻立一体车。

1）外形介绍。

施挖钻一体车主要由专用底盘、挖臂、夯土挖臂、抓具、挖斗、液压系统、电控系统等组成，以下为对本车型各功能部件的说明。

① 轮履一体专用底盘，可自由切换为履带行驶或轮式行驶。公路采用轮式行驶，静压驱动，轮式行走主要由变量马达、减速箱、驱动桥、非独立转向系统及前后摆动架、电控系统等组成；施工作业成精，切换至履带行走，履带底盘由四轮一带、变量马达及履带架组成。最高行驶速度 10km/h，采用桥箱驱动 2×2 形式，即两轮转向两轮驱动；

越野路面采用履带驱动。

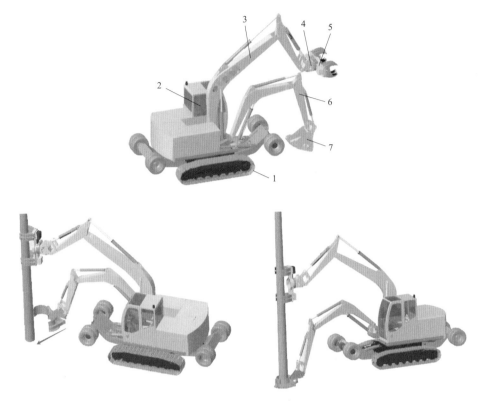

图 4-2　施挖钻一体机外形图介绍

1—轮履一体底盘；2—驾驶室；3—大挖臂；4—快换机构；

5—辅具（抓杆器、钻具）；6—小挖臂；7—环抱式夯土器

② 驾驶室，主要有驾驶人员操作结构和车机系统构成，如车机方向盘，加速、制动、后退踏板等结构构成，同时还增配显示器，辅助以辅助驾驶，有助于驾驶人员观测周围情况。

③ 大臂有液压系统供能，为立杆作业中坑基钻和立杆场景下抓杆提供动力；同时还配有快换机构，可根据施工要求，更换对应辅具，其对应的辅具包含挖斗、钻具、抓具等均可实现快速换接。

④ 小臂功能为夯土与挖掘一体，其中挖掘为辅助功能，可根据实际需要，更换震动挖斗，常规的作业立杆过程中，由小臂提供动能，运用环抱式夯土结构，完成立杆后的坑基回填和夯土场景。

⑤ 大臂钻孔作业为可视化操作，操作时通过显示屏十字坐标可观察电杆垂直情况，十字架中心黄色，偏离绿色代表钻杆位置，操作手柄将消除绿色推到中心，即钻杆垂直，臂头有摄像头，可显示电线杆入洞。

⑥ 大臂的立杆作业为可视化操作，立杆抓具带有垂直显示功能，操作人员通过显示屏可观察电杆垂直情况，十字架中心黄色为垂直状态，偏离绿色代表电线杆位置，操

作手柄将消除绿色推到中心，便于随时调整立杆的角度，保证立杆质量。

2）产品性能技术参数。

表 4−1　　　　　　　　　　　产品性能技术参数表

序号	作业部件	技术项目		性能参数
1	整车	外形尺寸（长×宽×高 mm）		参考 CAT 参数
2		整车质量（kg）		15200（不带辅具）
3		接近角（°）		22
4		离去角（°）		22
5		离地高度（mm）		350
6	底盘	发动机	功率 kW@rev	参考 CAT 参数
7			扭矩 Nm@rev	参考 CAT 参数
8		行走速度	最大轮式行走（km/h）	12
9			最大履带行走（km/h）	参考 CAT 参数
10		爬坡度	轮式	30%
11			履带行走	45%
12	小挖臂	最大挖掘距离（mm）		6400
13		最大挖掘深度（mm）		3000
14		振动挖斗宽度（mm）		500
15		振动挖斗夯土力 t		1.5
16	钻孔	最大钻孔深度（mm）		3000
17		最大钻孔距离（离回转中心 mm）		参考 CAT 特性表
18		钻头外径（mm）		900
19	抓取	抓取高度（抓具中心离地面中心 mm）		3800−6200
20		抓取距离（离回转中心 mm）		6000（2.3t 及以下）
21	立杆	适合电杆类型		15m 及以下
22		抓杆位置		在电线杆重心附件 200mm 内
23		最大立杆抓高（抓具中心离地面中心 mm）		6500mm
24				回转及抓杆行走 4200mm
25				作业正后方 5000（轮胎辅助支撑）

（2）挖立一体车。

1）驾驶室：关于挖立一体车的所有操作均在驾驶室内进行，在驾驶室内结构布局上，包含有方向盘，控制开关、左右手柄以及对应功能的脚踏阀。

2）大臂：挖立一体车大臂具有二级回转功能，还连接有快换机构，在立杆作业过程中，可以进行电杆坑基挖掘和立杆后的回填作业。运用快换机构，将挖斗更换为振动锤头，可进行回填后的夯土工作。

3）小臂：挖立一体车小臂可进行伸缩，在小臂端头连接有抓具模块，专门应用于电杆抓取，在整个立杆作业流程中，扮演非常重要的角色。

4）吊装装置：本车型的吊装装置，附加在小臂之上，由钢丝绳和挂钩组成，根据小臂的作业特点，即升高和收缩，可以实现小物件的吊装作业。

5）挖斗：用于立杆作业场景中的坑基挖掘。

6）夯土锤头：用于电杆坑基回填土完成后，对其进行振动夯实，增强电杆的稳定性。

4.2　系统及结构介绍

4.2.1　钻立一体车结构及系统介绍

（1）挖臂系统。

挖臂系统是车辆挖掘作业与立杆作业重要的设备机构，主要由大臂、小臂、斗杆及大臂油缸、小臂油缸、斗杆油缸、快换接头、抓具、挖斗组成。其中抓具、钻具与挖斗通过快换接头进行更换。

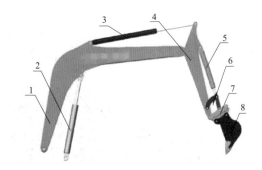

图4-3　臂架系统

1—大臂；2—大臂油缸；3—小臂油缸；4—小臂；5—斗杆油缸；6—连杆机构；

7—辅具快换器；8—挖斗（辅具）

辅具更换时采用液压操作，辅具置于地面，车辆大挖臂正对辅具。具体更换步骤如下：

第一步：擦除线路接头、油管，固定好线路与管路，抽出快换上的安全插销。

第二步：摆放、钻杆朝内侧，仰卧。

图 4-4　抓具

第三步：提钩、将大臂提起，导钩导入：

图 4-5　钻杆　　　　　　　　　　　　图 4-6　快换机构

第四步：锁定，按照锁定操作。

第五步：插好安全销，另一侧 D 型扣锁定插销。

图 4-7　快换机构插销

注意：

① 上车大臂中心与辅具挂轴中心对齐；

② 切换辅具前，必须断开线路与液压管路且固定好；

③ 切换前、必须将快换的安全销取出；

④ 切换完成后，必须将快换的安全销插入锁定更换后锁定插销一定要插好、扣紧，否则有重大安全隐患；

⑤ 另外有一个机械保险销，在侧面插销另一侧卡紧。

（2）钻孔系统。

钻孔系统是通过大挖臂臂头的快换机构，连接钻孔辅具，实现动力头额定扭矩 12000Nm。通过驾驶系统联动操作，实现各种场景下立杆作业中坑基钻孔工作。操作时，左脚踏阀前、后使动力头旋转，操作作业手柄，下压钻杆，钻入一定深度后，抬起大笔，带出坑基土中的沙土，通过摇摆大笔和旋转钻杆，剥离钻杆上的沙土，依次操作，完成立杆坑基钻孔。

注意：

① 钻孔需要将钻头压紧，否则钻具会飘动导致孔不垂直；

② 钻孔过程中注意显示屏上的钻具的角度显示；

③ 操作钻孔时、驻车 P 键必须是关闭状态。

（3）液压系统。

液压系统是本车除车辆行驶动力之外的最主要的动力来源，全车施工作业过程中的钻孔、抓杆、立杆、夯土等系列操作均为液压系统提供动力，液压系统额定压力 26MPa，系统流量 160L/min。同时在车辆运动过程中的轮履切换，亦有液压系统提供动力。

注意：

① 液压系统压力出厂已设定好，请勿随便调整；

② 作业中，留意显示屏上的压力值；

③ 液压管路采用卡套接头，长期频繁使用后，如有渗油请用扳手卡紧，扭矩不能过大，额定扭矩 M12×1.5 为 35Nm、M14×1.5 为 45Nm、M16×1.5 为 55Nm、M18×1.5 为 70Nm、M22×1.5 为 100Nm、M27×2 为 170Nm，过大会导致接头损坏。

（4）电气控制系统。

1）电气控制原理。

① 基本功能。

电控部分采用 24V 电源，主要控制挖掘作业模式、钻孔作业模式、立杆作业模式等三种作业模式的切换，轮履切换、行走高低速、钻孔立杆垂直度及相关安全控制、灯光、雨刮等，其中安全控制主要是车身倾斜角报警、立杆作业超出作业角度的切断及报警、紧急停止及切断解除等。

② 电气控制部分。

本设备控制系统是基于 CAN 总线通讯，以可编程控制器为核心，切换大挖与小挖、轮式与履带行走、立杆/钻孔状态上车回转切换，抓具握紧切换等。灯光控制如车大灯、作业灯及小挖与大挖距离检测触声光报警灯（在图 4-9 控制柜内）。实现集声光报警和故障诊断为一体的模块化电控系统。原理图见图 4.10～图 4.12。

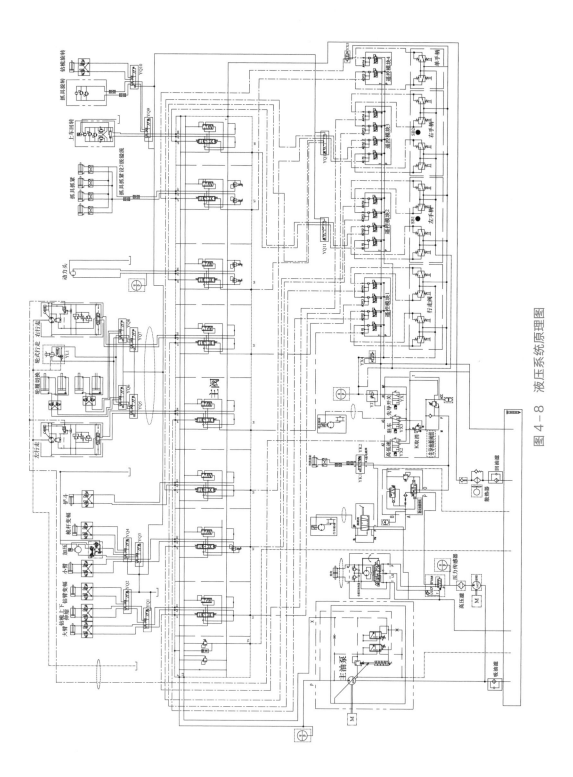

图 4-8 液压系统原理图

③ 电气控制箱。

电气控制，主要的检查与维护、更换保险丝部件，常见故障中提及的保险都集中在该处，其布置如下图：

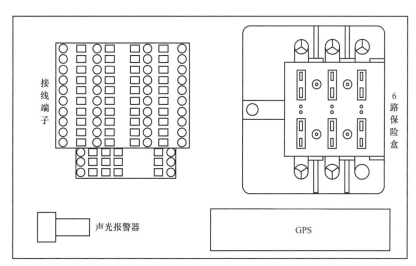

图 4-9　控制柜内布置图

（安装在座椅外侧地下，可拿出检修）

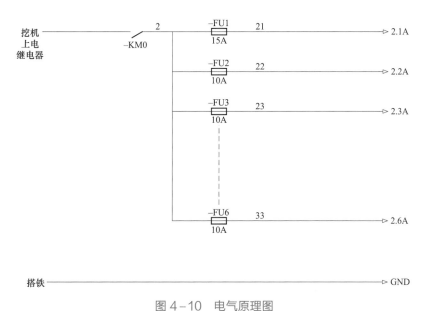

图 4-10　电气原理图

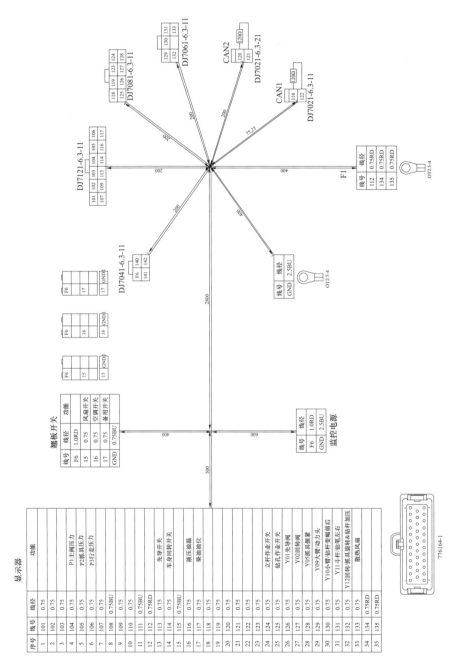

图 4－11　电气原理图

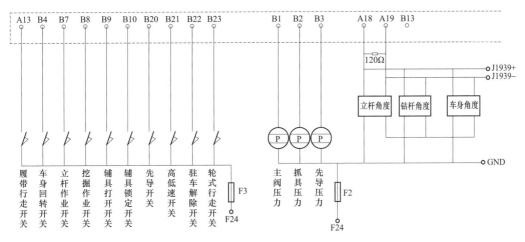

图 4-12　电气原理图

4.2.2　挖立一体车结构及系统介绍

（1）整机参数。

外形尺寸：8300mm×2500mm×3200mm（长×宽×高）

整机重量：18000kg

回转离地间隙：880mm

公路最小离地间隙：280mm

尾部回转半径：2400mm

回转速度：13r/min

履带走行速度：2～4km/h

轮胎走行速度：20km/h

（2）动力装置参数。

柴油机型号：QSB3.9-C125（康明斯）

柴油机型式：四缸，水冷、空空中冷，四冲程

柴油机功率/转速：93kW/2200rpm

柴油机最大扭矩/转速：480N·m/1350rpm

排量：3.9L

柴油机机油容量：13L

燃油箱容积：220L

（3）液压系统参数。

系统额定流量：2×120L/min

系统额定压力：32MPa

走行系统压力：32MPa

回转系统压力：24MPa

先导系统压力：3.9MPa

液压油箱容积：180L

（4）轮胎走行系统参数。

驱动桥型号：wzL100.00

驱动马达品牌：丹佛斯（1个）

驱动轮胎型号：775×245

驱动轮胎型式：实心胎（8个）

驱动型式：4×2

（5）工作装置参数。

最大挖掘距离：7500mm

最大挖掘深度：4500mm

挖斗宽度：950mm

挖斗容积：0.6m³

（6）副工作参数。

最大抓取高度：8000mm

最大抓取幅度：7000mm

最大抓取直径：≥4500mm

最大抓取重量：2300kg

（7）液压夯实机参数。

型号：DG150H

打击力：4t

最大振动次数：2000RPM

流量：80～105L/min

压力：150～200kg/cm²

打击面积：1160mm×700mm×30mm（长×宽×高）

外形尺寸：550mm×760mm（宽×高）

重量：350kg

4.3 驾驶及操作应用

4.3.1 钻立一体车操作应用

（1）操作室内部布局。

车辆全部操作都在驾驶室内进行，驾驶室分为三个区域，行驶操作区域（驾驶室内前方）、控制切换显示区域（驾驶室内右前方区域）、上车操作区域（驾驶室内座椅两侧）。

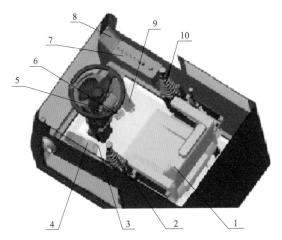

图 4 – 13　驾驶室布局图

1—座椅；2—左手柄；3—安全杆；4—左脚踏阀；5—方向机；6—右脚踏阀；
7—辅助控制开关；8—显示屏；9—轮式行走制动板；10—右手柄

主操作台说明：在方向盘下方有一排翘板开关为整车作业模式更换开关，如图 4 – 14 操作开关：

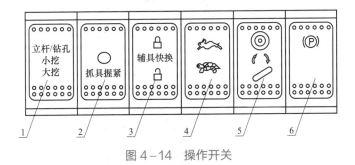

图 4 – 14　操作开关

1）作业模式开关：三位自锁开关，用于立杆/钻孔作业、小掘作业与大挖作业切换。

2）抓具握紧开启开关：打开后，右手按住手柄顶部按钮，左手左右操作，握紧或松开。

3）辅具快换开关：两档自复位开发，在小挖掘模式中，点击快换开关，按住上侧不动可锁定辅具、按住下侧不动可解除辅具快换。

4）高低速开关：行走的高速与低速切换。

5）行走模式开关：三位自锁开关，用于轮式行走、轮履切换及履带行走的切换。

6）驻车解除开关：用于行走时的驻车解除及立杆/钻孔打开行走，非行必须行驶状态关闭该键。

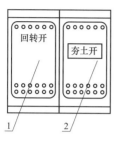

图 4-15 辅助开关

➤ 辅助开关在左手柄一侧:

1) 回转开关:在立杆/钻孔及小挖作业模式,需要开启上车回转是打开状态,其他模式需要关闭;

2) 夯土开关:小挖作业模式,需要夯土时按下该键,其他作业需要关闭该开关。

➤ 注意:

1) 立杆/钻孔作业:需要行走时,需要按下方驻车 P 键,行走完需要关闭 P 键;

2) 立杆/钻孔作业:需要上车回转时,需要按下回转开键,完成后需要关闭该键;

3) 夯土作业:需要夯土时,先打开夯土键,完成后需要关闭该键;

4) 辅具快换:需要打开方向机下方快换键,按住右侧手柄顶部按钮,左右方向推动左手柄。

(2) 显示屏使用及说明。

车载共三块显示屏,如图 4-16 显示屏,分别是影像显示屏、主机显示屏、作业显示屏。影像显示屏左侧为倒车影像,右侧为作业显示屏,显示,主机显示屏为 CAT 显示屏,主要是整车发动机参数,作业显示屏,显示钻孔、立杆、车身相对地面角度等。

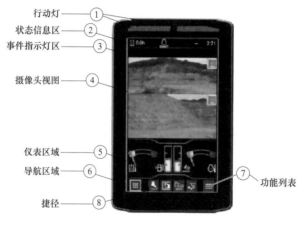

图 4-16 车载显示屏

 警告

如果钥匙开关位于接通位置时监控器不工作(例如,监控器黑屏或不响应),则不要操作机器。

监控器提供来自摄像机系统的图像和机器安全操作的其他信息。操作监控器不能正常工作的机器时,可能造成人身伤害甚至死亡。如果监控器不工作,按照停驻机器的程序将机器置于安全状态。确定监控器故障原因并在使机器重新投入使用前校正故障。

注意

当监测器发出警报时，应立即检查监测器，按监测器的指示作必要的工作或保养。

监测指示灯并不能保证该机器是处于良好状况。不要使用监测面板作为唯一的检验方式。必须定期执行机器的保养和检验。参阅《操作和保养手册》的"保养部分"。

监控系统是机器控制系统的输入和输出。监视器有一个 8 英寸或者 10 英寸的多点触摸显示屏。机器控制系统在数据链路上进行往返通信。监控系统包含下列部件：

- 显示屏（带多个屏幕和菜单）
- 指示灯
- 仪表
- 软开关面板
- 滚轮旋钮

监控系统是利用各种摄像头视图显示有关机器状况、各种警告和信息以及机器周围环境的装置。监控系统显示屏上有仪表和多个警报指示灯。每块仪表为机器系统内的一个参数所专用，可使用监控系统进行以下操作：

➢ 观察周围环境
➢ 解读状态信息
➢ 解读参数
➢ 查看"操作和保养手册"
➢ 查看维修间隔时间
➢ 执行标定
➢ 诊断和排除机器系统故障

① 行动灯。

行动灯点亮，表明机器出现故障。

② 状态信息区。

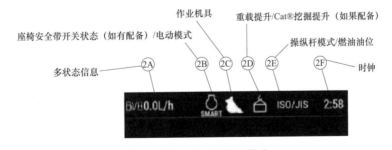

图 4-17 车辆行动灯状态

③ 事件指示灯区。

事件描述（3A）-该区域显示即将出现的问题弹出消息说明。

图 4-18　事件指示灯

（3A）事件描述（3B）事件符号（3C）闭合（3D）事件 ID（3E）序号/总数（3F）箭头（下一个）

- 第 1 行：系统。

- 第 2 行：状况。

- 第 3 行：采取的措施事件符号（3B）–该区域将显示故障符号事件符号（3B）–该区域将显示故障符号。

关闭（3C）–选择此选项，以隐藏弹出消息，并显示事件图标列表。

事件 ID（3D）–此处将显示事件的识别号。

优先级编号/总数（3E）–弹出消息的优先级编号显示在消息总数旁边。

消息从最高优先级到最低优先级排序。

箭头（3F）–有下一个或上一个消息时，会显示箭头。选择箭头，以显示下一个或上一个消息。

④ 摄像机视图。

监视器的此区域显示摄像头视图。安装在配重顶部的后视摄像头和安装在液压油箱旁边侧面板上的可选侧视摄像头。

如果配备后视摄像头和侧视摄像头，可以切换监视器屏幕以显示：

- 仅后部

- 仅侧面

- 垂直分区

- 水平分区

光标位于摄像头视图区域和触按该区域或者转动滚轮旋钮时可以切换摄像头视图。

⑤ 仪表区域。

燃油油位–此仪表指示燃油箱中剩余的燃油量。当燃油表处于红色范围时，立即加注燃油。

液压油温度–此仪表指示液压油温度。绿色区域是正常工作温度。如果仪表处于白色区域，则表示发动机和机器需要预热。

请参阅发动机和机器预热如果仪表达到红色区域，应减小系统的负载。如果停留在红色区域，应停止机器并检查问题的原因。

 发动机冷却液温度 – 此仪表指示发动机冷却液温度。绿色区域是正常工作温度。如果仪表处于白色区域，则表示发动机和机器需要预热。请参阅发动机和机器预热如果仪表达到红色区域，应停机并检查问题的原因。

 柴油机排气处理液（DEF）仪表 – 该仪表指示 DEF 箱内的 DEF 液位。当 DEF 仪表处于红色范围时，立即加注 DEF。

⑥ 导航栏。

Apps 键 – 允许在仪表区域显示与操作有关的不同信息。还包括空调和音频控制。该键包括受密码保护，允许更改诸多参数的设置。

功能列表键 – 允许打开和关闭与活动屏幕相关的各种功能。需标仅显示在需要其他设置的某些屏幕中。

快捷方式 – 允许在导航栏上设置某些快捷方式。

A. 机器警告

a. 事件图标列表

b. 弹出事件消息

监视器将显示警告，并记录不在正常运行参数范围的机器状况。

事件警告分为三种警告级别。警告级别 1 表示最轻微的问题，警告级别 3 则表示最严重的问题。下面提供了警告级别、监视器响应和所需的操作员措施。

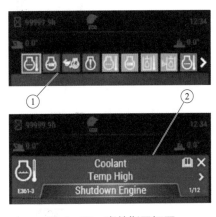

图 4-19　事件指示灯区

1 级警告（灰色）– 需要操作员知晓。图标和弹出消息均显示灰色。

2 级警告（淡黄色）– 需要更改机器的运行或更改机器的保养以排除状况。图标和弹出消息均显示为淡黄色，并且行动灯将闪烁。

3 级警告（红色）– 需要立即关闭机器，以防止机器损坏或人员受伤。图标和弹出消息均显示为红色，行动灯将闪烁，蜂鸣器将鸣响。

如果系统中存在多个警告，则会首先显示最高级别的警告。按向右或向左键查看所有记录的警告。如果在几秒内没有按任何键，显示器将返回到最高级别的警告。

B. 登录

可通过不同的方式访问监视器，包括：

● 访客访问

● 密码访问

- 蓝牙接入
- Cat®机队管理应用程序

C. 导航

a. 操作员信息按钮

b. 静音按钮

通过触摸屏或开关面板，可以导航监视器。可使用开关面板部件通过以下方式与监视器交互：

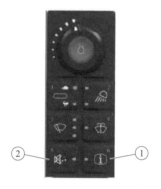

图4-20　登录界面　　　图4-21　右侧开关面板

操作员信息按钮①－按住此按钮可进入操作员信息屏幕。此屏幕显示操作员设置等信息。

静音按钮②－按下此按钮，以将音频静音。再次按下按钮，以取消音频静音。

每个按钮还分配有一个压印在按钮顶部拐角的编号。这些按钮可用于输入用于登录监视器的数字密码。

D. 应用菜单

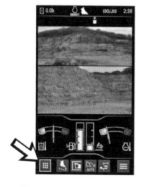

图4-22　访问应用菜单　　　图4-23　应用菜单

按下应用菜单按钮以访问应用菜单。

"应用程序"菜单"（Apps）"包含应用程序列表。可用应用程序可能因机器配置或软件版本而异。

驾驶及操作人员一旦选择了"应用程序"，操作员可以通过向左或向右滑动所选区域，来对可用的"应用程序"进行排序。

E. 设定菜单

图 4-24　左右滑动

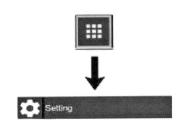

图 4-25　访问设定菜单

在主屏幕上按下应用菜单按钮。在应用菜单中选择"设置"。

图 4-26　告警

图 4-27　设置菜单

将出现警告，以告知操作员在设置菜单中无法看到摄像头。阅读警告并了解相关内容后，按下"确认"按钮。

设置菜单包含以下菜单项：

● 显示设置

● 信息

● 机器设置

● 操作员设置

● 维修

注：必须使用代理商密码访问维修菜单。

F. 机器设置

在主屏幕上按下应用菜单按钮。在应用菜单中选择"设置"。接下来，选择"机器设置"。

"机器设置"菜单可能因机器配置或软件版本而异。

图 4-28　设置方法　　　　　图 4-29　机器设置菜单

G. 音频

音频屏幕允许选择收音机地区、开启蓝牙、配对设备和数字音频广播（DAB）信道扫描。

图 4-30　设置方法　　　　　图 4-31　音频菜单

在主屏幕上按下应用菜单按钮。在应用菜单中选择"设置"。接下来，选择"机器设置"，然后选择"音频"。

音频屏幕包含以下菜单项：

● 收音机地区设置－从全球各地的列表中选择收音机地区。

● 蓝牙－允许操作员开启蓝牙并与电话配对。还可以从主音频屏幕上获得该菜单。请参考操作和保养手册，监控系统－蓝牙，了解蓝牙屏幕上的信息。

● DAB 信道扫描－开始扫描，以在收听效果好的地区找到 DAB 信道。

● 音量增益－允许单独调整各种输出上的增益，如 AM 收音机、FM 收音机和手机。

H. 自动暖机

自动暖机屏幕允许启用和设置自动暖机功能。起动发动机且液压油低于设定温度时，该功能自动开始暖机时间。

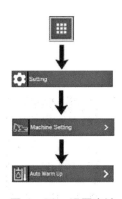

图 4-32　设置方法

图 4-33　设置界面

在主屏幕上按下应用菜单按钮。在应用菜单中选择"设置"。接下来，选择"机器设置"，然后选择"自动暖机"。

要想设置自动暖机温度，按下"自动暖机目标温度"窗口，然后输入温度。如果液压油低于设定温度，启动发动机后将激活自动暖机功能。

I. 睡眠时间

睡眠时间设置特性允许为发动机起动开关设置睡眠定时器。如果起动开关保持在接通位置，则一旦选定的定时器间隔到期，电源将自动关闭。

图 4-34　睡眠时间设置

J. 安全

注：需要主级别的访问来调整安全设置。

安全屏幕允许设置操作员锁定时间。锁定时间是发动机关闭后，操作员可在不登录监视器的情况下启动发动机的时间。

图 4-35　设置方法

图 4-36　安全设置界面

图 4-37　安全性绕过时间

在主屏幕上按下应用菜单按钮。在应用菜单中选择"设置"。接下来，选择"机器设置"，然后选择"安全"。

选择"操作员 ID 超时"，以选择发动机停机后操作员密码超时前的时间长度。要忽略一周中的某些时间段，以绕过安全性，请选择"安全性绕过时间"。输入绕过安全系统的时间和日期。

K. 操作员设置

图4-38 设置方法　　　　　　图4-39 操作员设置菜单

在主屏幕上按下应用菜单按钮。在应用菜单中选择"设置"。接下来，选择"操作员设置"。

操作员设置菜单包含以下菜单项：

● 操作员输入配置

● 响应

L. 操作员输入配置

操作员输入配置屏幕允许操作员根据个人喜好配置操纵手柄按钮。设置将存储到登录ID的首选项中。

图4-40 设置方法　　　　　　图4-41 操作员输入配置

在主屏幕上按下应用菜单按钮。在应用菜单中选择"设置"。接下来，选择"操作员设置"，然后选择"操作员输入配置"，选择要配置的操作员输入。

M. 操纵杆模式

从操作员输入配置屏幕中选择"操纵杆模式"。

从菜单项目中选择所需操纵杆模式。按下"主页"按钮返回主屏幕。

N. 恢复出厂设置

图 4-42　操纵杆模式

图 4-43　设置方法

图 4-44　恢复出厂设置

从操作员输入配置屏幕上选择"恢复出厂设置"。

从列表中选择要恢复的项目。

将显示警告，询问你是否想要继续。按下"恢复"以恢复设置或者按下"取消"以终止操作。按下"恢复"后，将显示操作员信息屏幕，以显示新的按钮分配。按下"确认"按钮返回主屏幕。

O. 铲斗/工装机具设置

铲斗/工装机具设置屏幕允许操作员选择作业用机具。

在主屏幕上按下应用菜单按钮。在应用菜单中选择"铲斗/工装机具设置"。选择所需的机具。

图 4-45　告警信息

P. 功能列表屏幕

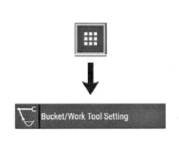
图 4-46　设置方法

图 4-47　铲斗/工装机具设置

图 4-48　功能列表屏幕

按下功能列表图标，以访问功能列表屏幕。

功能列表屏幕允许启用或者关闭机器上提供的功能。点击或者用滚轮旋钮选择项目以启用或关闭。

（3）控制系统操作说明。

1）确保车辆周围安全，人员保持安全距离情况下，驾驶员确保车辆电瓶已接通，然后进入驾驶室拉起驾驶位左侧安全把手，观察方向机下方翘板开关的各作业模式，并根据操作选取作业模式，并且红色急停按钮没有被按下。如果有紧急情况请第一时间按下急停开关，放下座椅左侧的安全把手。

2）扭动操作台右侧钥匙到 ACC 整车通电，此时等待 10 秒（油泵供油，设备电路初始化），并确保驻车没有解除，再次向前方扭动钥匙，给发动机点火发动。

3）发动机启动后，选择通过方向盘下开关选择工作模式：挖掘模式、钻孔模式、立杆模式对应的显示屏会显示相应的工作模式；

4）可以通过方向盘下第四个开关选择高速行走或低速行走。

5）按下（此处设计图标）开关，点亮开关，轻踩踏板，车辆开始行走，该键在非行驶状态必须关闭。

6）如果需要切换履带行走，请先停车，松开行驶踏板。将方向盘下第 5 个开关按在中位（轮履切换），按下（此处设计图标）驻车，推动右侧行走踏板，可实现轮胎行走与履带行走模式的切换，待轮式机构收起后，再松开（此处设计图标），此时可以以履带行走。履带行走同样可以通过第四个开关选择高速行走或低速行走，对应显示兔/龟。

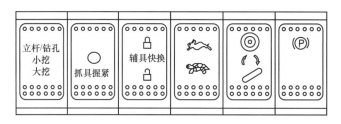

图 4-49　主控开关（方向盘下侧）

7）辅具快换操作，第三个钮子为辅具快换开关，在小挖掘模式中，点击显示屏快换开关，按住上侧不动可锁定辅具、按住下侧不动可解除辅具快换。

8）发动机油门为手动旋钮油门，旋钮后可以控制发动机油门大小；

9）非大挖作业模式，需要上车回转动作时，打开"回转开"，同时操作左右摇杆就可以回转上车，完成后关闭该键。

10）辅助开关（左手柄后侧的回转开与夯土开），为回转开，用于非大挖状态，上车回转开启，其余状态必须关闭；夯土开关，在小挖作业，需要夯土时开启，其余状态关闭。

（4）驾驶操作。

1）轮履切换。

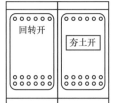

图 4-50　回转开关

启动车辆后，将主控开关（方向盘下侧）第 5 个开关拨到下档位，右脚向后踩右踏板，将履带行走切换到轮式行走，左脚向前踩左踏板，将轮式行走切换到履带行走。切换到轮式行走，高速时，尽量不要离地过高一般离地高 150mm 左右，高速行驶惯性较大，重心过高。轮式行走，在过高坎时，可适当抬高车辆，顺利通过后，降低车身高度回到 150mm 左右。

2）履带行走。

启动后，启动车辆后，将主控开关（方向盘下侧）第 5 个开关拨到中间档位，打开 P 键（翘板开发灯亮），左右脚分别向前或向后踩左右脚踏板，车辆前进或后退。

3）轮式行走。

启动后，轮胎着地后，将主控开关（方向盘下侧）第 5 个开关拨到上档位，打开 P 键（翘板开关灯亮），左右脚分别向前或向后踩左右脚踏板，车辆前进或后退。拨动第四个开关，可实现履带行走的高、低速行驶切换。

注意：

① 车辆长时间不动，需用履带支撑；

② 下坡时，右脚放在制动踏板上，因车辆惯性过大，准备随时制动；

③ 轮履切换后，注意轮胎高度，保持上车回转中，不相互干涉（抓具或挖斗）；

④ 轮胎行驶：确定轮胎行驶（切换轮胎），路面平整，轮胎全伸（车身有一定斜度）；

⑤ 履带行驶：正常行驶，超过 30°（车身报警），不建议下行；

⑥ 轮履切换后，履带行走跟操作有滞后，在轮履切换后过 3 秒左右操作行走；

⑦ 在非行驶状态驻车键 P 必须关闭，如在立杆/钻孔操作中，需要行走，打开 P 键，行走完后，需要关闭 P 键；

⑧ 大挖状态，履带行走，关闭驻车 P 键，可提高履带行走驱动能力，可用于抓杆时履带行走。

（5）作业操作。

1）区域设定。

注意：作业视图是前方，向下挖掘作业时，注意大臂不要急，挖斗不要剐擦到前后车桥，侧方作业无干涉。

本机器主要针对 15m2.3t 以下电线杆的钻挖孔、立杆作业。

① 抓杆区域。

抓杆可在任意方向，12m 杆可实现全展开抓杆，15m 重量超过 2t 杆仅限于 5.5m 内抓杆。

② 12m 电线杆可全方位作业。

在有坡度或路面不平情况下，在车辆前后 ±20° 区域内，并利用轮胎接触地面保护。

③ 15m 以上电线杆立杆作业回转半径不大于 4.8m，可采用轮胎触地辅助支撑，带载行走电线杆离回转中心距离不得大于 3.8m。立杆时，通过大臂、斗杆、小臂组合动作，可以不移动车辆（见 4.2 节立杆操作）。

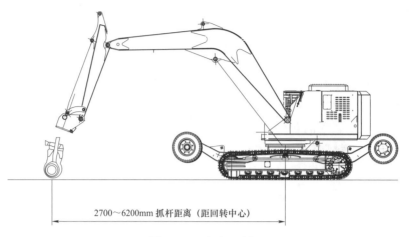

2700~6200mm 抓杆距离（距回转中心）

图 4-51 抓杆区域

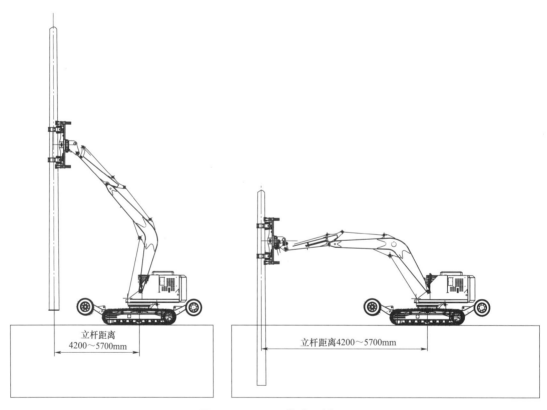

立杆距离
4200~5700mm

立杆距离4200~5700mm

图 4-52 12m 作业区域

注意：

A. 严格按照上述作业区域作业；

B. 立杆作业、注意显示屏上报警情况；

C. 带载回转上车时、注意电线杆区域内安全无人、障碍物，同时要注意，回转时，会不会碰轮胎。

2）作业操作。

上车操作，都是通过座椅左右两侧的两个手柄完成，见图 5.1.1 面板控制布局图中的左手柄、右手柄、单手柄位置。其中左右手柄为十字手柄，前后与左右推动对应相应左右动作，斜角推动手柄，除非复合作业，不能斜角推手柄，否则导致误动作。

简易操作标识牌贴在驾驶室内右侧，见下图：

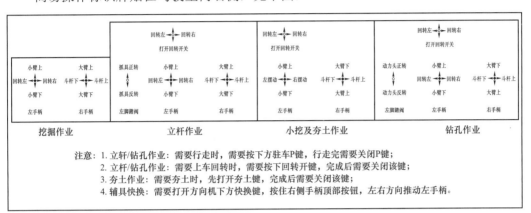

图 4-53　简易操作标识牌（张贴在操作室右侧面）

① 大挖臂操作。

启动车辆后，将主控开关（方向盘下侧）第一个开关拨到下档位，车辆进入大挖掘作业模式。同时显示屏上也显示挖掘模式，根据简易操作标识牌的方式操作左右手柄即可。

② 钻孔操作。

启动后，启动车辆后，将主控开关（方向盘下侧）第一个开关拨到上档位（立杆/钻孔），车辆进入钻孔作业模式。同时显示屏上也显示钻孔模式，根据图 4-53 简易操作标识牌的方式操作左右手柄及单手柄。

第一步：打开回转键，将上车回转到钻孔对应位置；

第二步：关闭回转键，操作左右手柄，钻杆处于垂直状态；

第三步：下压钻具，根据图 4-53 操作钻头下压，同时旋转动力头；

第四步：提升钻杆，将钻杆提出地面；

第五步：打开回转键，推动甩土，甩土完成后，对孔，关闭回转键，重复上述操作。

注意：

A. 回转开关，只有在需要上车回转的时候开启，不需要时必须关闭；

B. 行走时，要开启驻车 P 键，不行走时，必须关闭 P 键；

C. 大臂避开障碍物，不干涉钻臂深处，不影响行人及其他人；

D. 旋转钻头，同时将钻头匀速下压，至指定深度；

E. 提钻出洞后，上车摆动一定角度，再甩土；

F. 根据土质和孔深情况，钻头再入洞 1～2 次提土，然后钻臂全收回位。

禁止：利用钻杆冲击作业，冲击石头等会严重损坏设备、导致故障，甚至造成安全事故！

③ 立杆操作。

启动后，启动车辆后，将主控开关（方向盘下侧）第一个开关拨到上档位（立杆/钻孔），车辆进入钻孔作业模式。同时显示屏上也显示钻孔模式，根据图 4-53 简易操作标识牌的方式操作左右手柄及单手柄。

A. 抓杆

第一步：展开挖臂，调整抓具角度，调整到电线杆重心偏下位置（12m 杆 5m 位置、15m 杆 6m 位置），图 4-54 夹具箭头端在上方（抓电线杆下端）。

第二步：张开抓具，按住右手柄顶部按钮，推动左手向外张开抓具，下压导入电线杆，握紧抓具，按住右手柄顶部按钮，推动左手向内握紧开抓具、夹紧电线杆，夹紧后，屏上会显示夹紧力到 260 左右。

第三步：将电线杆提起，脚踏阀旋转电线杆，旋转时红色部分向上转（见图 4-54 夹具）（即红色箭头朝上），提起电线杆旋转同时注意电线杆下端面，保持离地高度不超过 200mm 左右（见图 4-54 照片 15m1.9t 立杆作业）。

图 4-54　夹具

B. 立杆

将主操作上开关打到立杆/钻孔模式，立杆三步操作法。

第一步：三点定位。

确定电线杆立与车距离（距回转中心 5.95m 左右）、确定大臂抬升高度（5.02m 左右）、确定小臂抬升高度（5.06m 左右）。以上尺寸的确定，通过观察操作室内上下位置与视点位置对比（见下图三点定位立杆尺寸），允许前后微移车辆。

操作一：抓杆后，抬高电杆，旋转上车到洞口上方，旋转电线杆（红色朝上）内倾 10° 左右（显示屏上可看数据）；

操作二：右手柄后推抬高大臂到第一个视角位置；

操作三：向前推左手柄抬高小臂到第二视角位置；前后微移（或旋转上车）到第三视角位置。

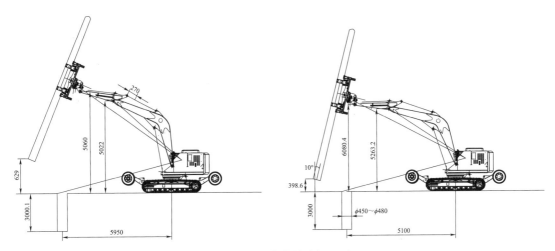

图 4-55　三点定位立杆尺寸

第二步：调整斗杆找洞口。

向内侧推动右手柄，减小电线杆内倾角度，电线杆接近洞口内壁（见图 4-56 调整斗杆找洞口）。

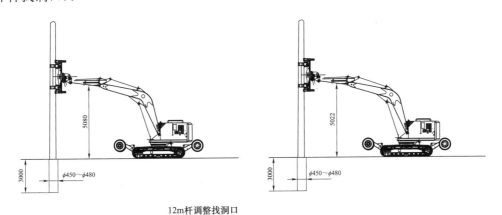

图 4-56　调整斗杆找洞口

第三步：电线杆植入洞内（图4-57）。

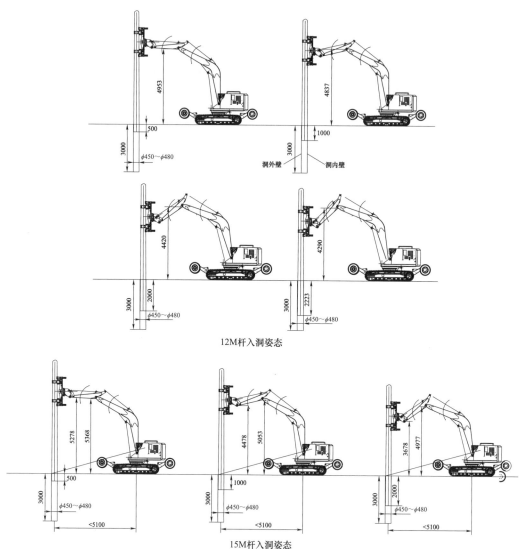

图4-57 立杆入洞（图中箭头方向为大臂、大臂油缸，小臂、小臂油缸运动方向）

Ⅰ. 向前推右手柄，直到电线杆下端接触洞口外壁后（电线杆下移入洞）；

Ⅱ. 向后推左手柄，直到电线杆下端接触洞口内壁后（电线杆小幅微上移）；

Ⅲ. 观察显示屏圆点位置，小幅调整电线杆倾角，此处重点注意斗杆操作方向，向内侧推动右手柄减小电线杆倾角，向外侧推动右手柄加大电线杆倾角。特别是入洞后请勿操作反，容易造成电线杆损坏。此步操作要轻，切勿操作过猛损坏电线杆。

重复上面三步操作，直到电线杆接触底部。通过轻轻推动右手柄前后（大臂）与左手柄前后（小臂）的油压，感觉电线杆根部前后方向没有接触洞的内外壁，然后轻轻内外侧推动右手柄、内外侧推动左手柄调整电线杆垂直度，显示屏上绿色圆点到中心位置内，等待回图夯实后，一步到位的前推单手柄，松开抓具。此步注意，松开抓具电线杆不能受力，否则导致电线杆倾斜，或抓具退出时损坏电线杆表面。

注意：上述操作数据为指导数据、具体需要操作人员熟练

➤ 抓杆数据

Ⅰ.12 米杆：工作范围 360° 可对 6m 内的电杆抓取（车身倾角 5° 以内），车身倾角最大 5° 时作业范围为 2.7m 以内。

Ⅱ.15 米杆（2T 以内电杆）：可对 5m 内的电杆抓取（车身倾角 5° 以内），并进行回转，行走需把抓手收回至车回转中心 4.5 以内，回转时不能正向碰到轮胎及障碍物。

➤ 立杆数据

Ⅰ.12 米杆：工作范围 360° 可对 6m 内的电杆抓取（车身倾角 5° 以内），车身倾角最大 15° 时作业范围为 2.7m 以内。

Ⅱ.15 米杆（2T 以内电杆）：可对 5m 内的电杆抓取（车身倾角 5° 以内），并进行回转，行走需把抓手收回至车回转中心 4.5 以内，回转时不能正向碰到轮胎及障碍物。

➤ 抓杆运输中，注意周围环境，避开障碍物；

➤ 立杆过程中，抬高时旋转，保持电线杆下端离地不超过 200mm，以保证立杆整车稳定性；

➤ 立杆对准洞口后，可通过下方显示屏，观察电线杆入洞情况，比如电线杆是否在洞口中心、电线杆是否会碰洞壁；

➤ 立杆/钻孔过程中，需要行走，开启 P 键，行走完后，必须关闭 P 键。

C. 回填夯土

电杆就位后，抓臂保持在抓杆状态，副臂采用环抱式夯土机构进行推土回填并对坑基进行夯实。

➤ 首先，切换至小挖模式，移动小挖臂至坑基部位，操作左手手柄下方开关，往前推，直至夯土结构张开，调整合适角度进行回填土，填土完成之后，操作左手手柄下方开关，向后推，使得环抱式夯土结构环抱杆体，操作右手手柄按钮并下压，进行坑基填入土夯实作业。

➤ 回填夯土作业完成后，作业人员将主控开关中的第一个开关拨到下档位，车内显示屏显示为挖掘模式，这时车辆进入大挖掘作业模式，可以将抓具脱离杆体，收车完成作业。

4.3.2　挖立一体车操作应用

（1）控制装置。

1）左手控制手柄。

2）翘板开关组。

3）右手控制操作。

4）脚踏板行走部分。

图 4-58 左控制手柄

图 4-59 翘板开关

图 4-60 右操作手柄

图 4-61 脚踏板

（2）立杆操作。

1）挖掘。

挖掘机在工作时的主要动作包括行走、转台回转和工作装置的作业动作，机械传动挖掘机完成上述运动需通过摩擦离合器、减速器、制动器、逆转机构、提升和推压机构等配合来完成。因此，机械传动挖掘力不仅借由复杂，而且还要产生很大的惯性力和冲击载荷。而液力挖掘机大大简化了结构，减少了易损件。由于结构简化，液力挖掘机的质量大约比相同的斗容机械轻30%，使整机结构紧凑、外形美观。液压系统有防止过载的能力，所以使用安全可靠，操纵简便。由于采用先导控制，无论驱动功率多大，操纵均很灵活、省力，更换工作装置时，由于不牵连转台上部其他机构，因此更换工作装置容易，采用微处理器核心的电子控制单元，使发动机、液压泵、控制阀和执行元件在最佳匹配状态下工作，实现节能和提效的作用。同时还可实现电子监控和故障诊断。

在实际挖掘工作中，往往需要采用液压缸复合工作，需要同时操纵动臂和斗杆，以使斗尖能沿直线运动，此时收回斗杆，动臂抬起，要保证彼此动作独立，相互之间无干扰。如果需要铲斗保持一定的切削角度并按照一定的轨迹进行切削时，需要铲斗、斗杆、动臂三者同时作用完成复合动作，当进行沟槽侧壁掘削时还要求向回转马达提供压力油，产生回转力，保持铲斗紧贴侧壁进行切削，因此需要回转机构和斗杆机构复合动作。

2）抓举。

抓杆时，必须对工作现场工作环境、行驶路线、建筑物以及物件重量等情况进行全面了解。

操作人员在进行抓举回转、变幅、行走和抓杆等动作前，应鸣声示意，严格执行指挥人员信号，特种操作人员必须有特种作业安全操作证。

遇有六级以上大风或大雨、大雪、大雾等恶劣天气时，应停止露天作业。

抓举臂的变幅指示器、力矩限制器以及各种行程限位开关等安全保护装置，必须齐全完整、灵敏可靠，不得随意调整和拆除。

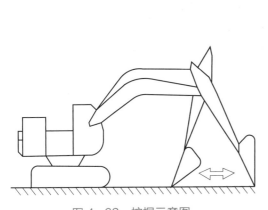

图 4-62 挖掘示意图

电杆粗端的7.5～8米为抓取中心

图 4-63 抓杆示意图

抓举臂必须按规定的起重性能作业，不得超载和抓起不明重量的物件，在特殊情况下，必须有保证安全的技术措施，经企业技术负责人批准，有专人监护，方可作业。

严禁使用抓举臂对地下埋设或凝结在地面上的电杆或重物进行抓举，现场浇筑的混凝土构件或模板，必须全部松动后方可先将电杆抓起离地面 20～50cm 停止提升，检查起重机的稳定性、制动器的可靠性、重物的平稳性、抓具牢固性，无误后方可提升。

抓举臂的任何部位或被抓举电杆边缘与 10kV 以下的架空线路边线最小水平距离不得小于 2m。

在立杆过程中尽量减少属具受力，应使用伸臂受力属具配合实现杆具安装，伸臂倾角到达 28° 且回转信号灯绿灯打开时方可做挖臂回填作业，回填时严禁二阶臂与大臂不在同一水平位置进行挖土作业。

抓举臂卷筒上钢丝绳应连接牢固、排列整齐，放出钢丝绳时卷筒上至少要保留三圈，防止钢丝绳打环、纽结、弯折和乱绳，采用绳卡固接时，数量不得少于 3 个，绳卡滑鞍应在钢丝绳工作时受力一侧，不得正反交错。

图 4-64 吊臂作业

把电杆移动到场地时，需抓杆具中心偏下部位（较粗部位），使杆具较粗部位偏向设备履带行驶方向，抓杆行走时严禁侧方位开车，造成重心不稳发生安全事故。

抱夹具。抓起时夹具处于夹紧状态并保证抓卡完全贴紧电杆并处于完全抱紧状态，夹具切勿处在 1/2 状态或未完全抱紧状态下进行立杆。

图 4-65 抓杆操作图

3）夯土。

液压夯具有冲击压实效能，填层厚度大，压实度可达到高速公路等高等级基础的要求，可与振动压路机配套使用，处理边角、桥台背等。适用于多种地形及多种作业方式。可完成平面夯实、斜面夯实、台阶夯实、沟槽凹坑夯实及其他复杂基础的夯实处理。可直接用于打桩，安装夹具后可用于打拔桩、破碎等。液压振动夯实机主要与挖掘机配套使用，安装在斗杆前端原有铲斗位置，利用挖掘机的液压动力驱动和操控（安装与操控同液压破碎锤）。结构简单，使用维护方便。

图 4-66 振动锤头

环保性：全液压式驱动实现低噪音作业，施工时不影响周边环境。

通用性：动力来源多元化，根据工地条件可配各品牌型号挖机真正实现产品的通用性和经济性，满足多地形施工作业要求。

安全性：施工人员不接触施工，适应复杂地形安全施工要求。

4.4 维护保养与故障排除

4.4.1 设备维护保养

（1）钻立一体车维护保养。

1）润滑部位、保养方法及周期。

部位名称	润滑部位照片	方法	润滑周期
抓具_推杆		涂抹	每周（涂抹前要清理干净）
抓具_铰点轴		黄油枪加注	每周（涂抹前要清理干净）
小挖臂_铰点轴		黄油枪加注	每季度
轮式行走切换架_铰点轴		黄油枪加注	每季度

2）润滑注意事项。

① 应先把注油口、润滑油脂杯等清洗干净，才能进行注油。

51

② 对衬套、轴、轴承注入润滑脂时，应灌注到能把润滑油脂挤出为止。

3）各作业机构的检查。

① 检查各部分的润滑情况，应按规定加油特别是液压油箱，应有足够的液压油。

② 检查液压系统油路及各泵、阀、缸、马达等有无渗漏现象。

③ 变幅、伸缩各个机构各软管连接是否松动。

④ 各操作手柄位置是否正确、灵活、可靠。

⑤ 检查回转支承、回转机构等连接螺栓、车轮、臂架是否紧固可靠，如发现松动，应加以扭紧。

⑥ 空载运行时，注意行走机构、变幅机构、伸缩机构、回转机构等动作的运转，检查有无异常现象。

⑦ 长时间放置，需要关闭电源，重新使用，会亏电，需要对电瓶充电。

（2）挖立一体车维护保养。

1）保养前的注意事项。

① 凡下列有*标记的维护必须由制造商进行。

② 保养工作必须在汽车熄火和主操作开关断开的情况下进行。

③ 在检修油压线路前，要先通过操纵杆的换向来释放压力（发动机停止）。

④ 保持所有手柄，脚踏板和工作台面没有油污，并加防滑剂以防止其滑落。

⑤ 在清洗起重机时应把电器元件和电器连接保护起来，因为射流会对电气设备造成损伤。

⑥ 因此我们建议你对整机作定期检查，看保护条件是否正常，必要时要重新处理。

⑦ 在保养、检修完成时，在启动起重机前要检查是否有工具，抹布或其他一些东西丢在了运动零。

2）保养日程安排。

下列内容是表示起重机在规定时间周期内需要检查的主要项目。

① 每50个小时的维护：

—检查系统接头是否漏油。

—检查油缸是否渗漏油。

—检查固定起重机的螺栓及其他紧固件是否松动。

② 每450小时或每6个月的维护：

—转台回转体加黄油。

—关节点加黄油。

—伸缩臂加黄油。

—油缸活塞杆露出部分加黄油。

—检查滑块磨损程度，若损坏应更换。

—更换液压过滤器和空气过滤器。

—检查钢丝绳磨损程度及时更换。

③ 每 900 小时或一年的维护。

—检查液压油缸。（＊）

—检查基座螺钉是否松动。

—检查液压系统装配和安全装置是否有效。（＊）

—检查固定起重机的螺栓是否松动。

—检查起重机钢结构。（＊）

—检查/更换调整螺钉和滑块。

—更换液压油。

④ 起重机在较长时间内不使用时（一般半年以上），应采取以下的保养、保管措施。

—擦去机体的灰尘和油垢，保持机体清洁。

—将所有油缸的活塞杆缩回到最短位置。

—各运动部位涂抹润滑脂。

—清除钢丝绳上的尘砂，重新涂上 ZG－S 钙基石墨润滑脂。

—一般应放在通风干燥的库房内，如露天放置，应用防雨布遮盖。

—每月启动一次，并空转各机构，观察是否正常。

4.4.2　常见故障排除

（1）钻立一体机故障排除。

设备作业过程中，如出现故障时进行全面的检查和分析，出现故障的原因，采用恰当的方法来消除故障。现将一般故障及排除方法列下表：

➢ 一般故障及排除方法

序号	故障	原因	排除方法
1	液压系统无压力	（1）油泵无输出 （2）前后导向架平衡阀内部是否出问题	（1）检查联轴器 （2）检修平衡阀
2	油路漏油	（1）接头松动 （2）管道破裂	（1）拧紧接头 （2）焊补或更新
3	油路噪音严重	（1）液压系统内混有空气 （2）油温太低 （3）管道和元件没有紧固 （4）滤油器堵塞 （5）油箱油液不足	（1）多动作几次排除内部气体，检修油泵，排除管内空气 （2）低速运转油泵等油加温 （3）紧固 （4）清洗或更换滤油器 （5）加油
4	空载油压过高	管路系统有异物堵塞	拧开接头，排除异物
5	前后导向架收放失灵	（1）平衡阀中单向阀密封性不好 （2）密封件损坏	（1）检修平衡阀 （2）更换密封件
6	变幅落臂时有振动	（1）平衡阀阻尼孔堵死 （2）缸筒内有空气 （3）发动机怠速不对	（1）清洗平衡阀 （2）用多次空载起落排气 （3）调整发动机怠速到 900 转

序号	故障	原因	排除方法
7	上车不能回转	（1）油压过低 （2）双向缓冲阀开启压力过低	（1）检查、调整溢流阀 （2）检查弹簧是否失灵，调整缓冲阀开启压力
8	操作中没轮履切换有动作	（1）保险丝稍坏 （2）切换电磁阀线圈烧坏	（1）更换保险丝 （2）更换电磁阀线圈（24V）
9	操作中，两个推杆都已操作轮式行走速度低	（1）保险丝稍坏 （2）切换电磁阀线圈烧坏	（1）更换保险丝 （2）更换电磁阀线圈（24V）
10	钻孔或立杆过程中、上车回转不动或回转不能停止	（1）切换过程中阀卡滞 （2）保险丝稍坏 （3）切换电磁阀线圈烧坏	（1）双击顶部按钮、清洗切换阀 （2）更换保险丝 （3）更换电磁阀线圈（24V）
11	钻臂操作没动作	（1）保险丝稍坏 （2）切换电磁阀线圈烧坏	（1）更换保险丝 （2）更换电磁阀线圈（24V）
12	钻臂操作产生误动作	（1）切换过程中阀卡滞 （2）保险丝稍坏 （3）切换电磁阀线圈烧坏	（1）用起子按阀芯，清洗切换阀 （2）更换保险丝 （3）更换电磁阀线圈（24V）

（2）挖立一体车故障排除。

序号	故障	原因	排除方法
1	伸缩油缸震动，伸缩臂爬行	（1）液压系统内有空气 （2）伸缩油缸内密封件老化 （3）平衡阀内有污物 （4）吊臂无润滑油	（1）反复动作多次以排除系统内空气 （2）更换油缸密封件 （3）清洗平衡阀 （4）加润滑油
2	空载时，工作速度仍然太慢	（1）吸油管被挤扁 （2）有空气从吸油管吸入	（1）换吸油管 （2）拧紧吸油管接头
3	伸缩臂不能按顺序伸缩	（1）缺少润滑油 （2）滑块坏了 （3）伸缩臂阀调整有问题	（1）加润滑油 （2）换滑块 （3）调整伸缩臂阀
4	关节点或回转吱吱响	缺少润滑	按规定周期注入润滑油
5	油缸渗漏油，外渗漏、内渗漏	（1）端盖密封件老化残损 （2）活塞密封圈磨损	更换密封件
6	噪音大、压力波动大、液压阀尖叫	（1）吸油管或吸油滤网堵塞 （2）油的黏度太高 （3）吸油口密封不良，有空气吸入 （4）泵内零件磨损 （5）系统压力偏高	（1）清除堵塞污物 （2）按规定更换液压油或用加热器预热 （3）更换密封件，拧紧螺钉 （4）更换或维修内部零件 （5）重新调整系统压力
7	卷扬提升或下放时出现间隙爬行	（1）钢丝绳扭结或在卷筒上排列杂乱 （2）制动器摩擦片损坏或摩擦面不到80% （3）起升马达内有污物 （4）油泵供油不足，系统压力低	（1）将钢丝绳全部放下松开清除应力，重新排卷 （2）更换摩擦片维修调整有关零件，保证摩擦面积大于80% （3）清洗排除污物 （4）检查油泵工作是否正常，调整液压油的温度和精度，保证油箱液面高度，并在吊重工况下调整安全阀压力至适当值，压力达不到，可更换弹簧

第5章

架空一体化作业车操作应用

5.1 车 辆 简 介

5.1.1 车辆用途简介

架空一体化作业车是集合多种配网施工场景而设计制造的一种电力工程车,核心部分由叉车提升装置、导轨式汽油发电机、磁力钻、双液压卷盘、液压绞盘、接地线装置、铜排铝排曲板工具、拉线制作等功能模块构成,并配置了云台灯,使其具有操作灵活方便,性能安全,适应范围广等特点。最突出的优点是具有高机动性,可实现应急照明、小型施工器械应急供电、线缆收放、紧线、更换或检修变压器、车辆自救、各种钢板等工器具钻孔,以及拉线上把的制作等,可提高应急供电抢修和应急支援安全及效率。

5.1.2 作业环境

(1)架空一体化作业车应用环境。

多功能施工车车载装置动力系统主要为液压驱动,可通过更换不同种类的液压油使车辆可在多种极端环境下进行作业,其使用环境温度为 $-35℃ \sim +55℃$;作业地点海拔 $\leqslant 2000m$;空气相对湿度 $\leqslant 85\%$(25℃)。积水排水。

(2)架空一体化作业车应用优势。

配网施工多功能电力施工车核心部分由叉车提升装置、发电机、双液压卷盘、液压绞盘、折弯机、磁力钻、拉线装置等功能模块组成,车头上方配置了云台灯,可为夜间施工提供紧急照明。车辆内部液压器具操作系统集成在车辆左后方的六联多路换向阀上,使其具有操作灵活方便,性能安全,适应范围广等特点。

此外,多功能施工车采用车辆售后 CA1040K3LE6-1 型二类柴油底盘,依据

GB 17691—2018 国Ⅵ排放标准，整车尺寸小，车体轻盈，受空间限制较小，可完成多种复杂地形配网施工。其最突出的优点是具有高机动性，可实现小型施工器械应急供电、线缆收放、紧线、更换或检修变压器、车辆自救、拉线制作、铝铜排折弯和钻孔等功能，可提高应急供电抢修，应急支援效率。车辆的设备配置会根据工程需求进行专用模块的调整，可适当增加排水泵、高压清洗机和热风设备等功能模块。车辆自身也因其体积受限，存在卷盘拉力小、叉车载重小等劣势。

5.1.3 关键部件简介

多功能电力施工车采用半开放式车厢，前部固定全封闭可拆厢体，尾部设置有叉车提升机构。车厢内部分区域采用双层设计，增加了空间利用率，车厢顶部安装有云台灯，箱体内部从前至后主要工作装置有发电机、磁力钻、双液压卷盘、液压绞盘、铜排铝排曲板工具等。可实现应急照明、小型施工器械应急供电、线缆收放、紧线、车辆自救功能等。

图 5-1 车辆外观

（1）车辆外观。

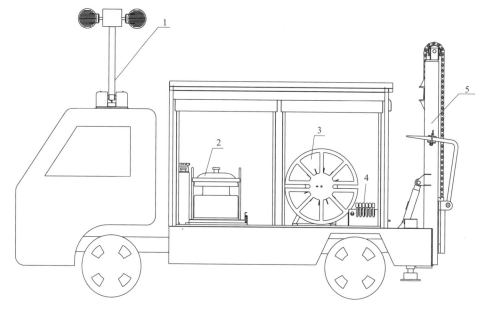

图 5-2 架空一体化作业车结构图

说明：

1—云台灯；2—发电机；3—线缆卷盘；4—液压绞盘；5—叉车提升机构

注：本示意图为典型配置方案，具体模块配置，详见实车。

（2）车辆参数。

1）整车技术参数。

基本信息	车辆名称	电力工程车
	车辆型号	HXJ5042XGCCA6
	公告批次	353
	公告、CCC、环保、免征	公告√、CCC√、环保√、免征√
基本参数	排放标准	GB 17691—2018 国Ⅵ
	燃料种类	柴油
	轴距（mm）	2400、2600
	轮距（前/后）（mm）	1358，1385/1380
	驾驶室准乘人数（人）	2
	最高车速（km/h）	95
	轮胎数；轮胎规格	6；6.00－15LT10PR，6.00R15LT 10PR，6.50－15LT10PR
	整车尺寸（mm）	4460×1830，1800，1765×2860，2800
	总质量（kg）	3505，4000
	整备质量（kg）	3375，3870
	接近角/离去角（°）	22/18
	前悬/后悬（mm）	1090/970
发动机	发动机型号	D20TCIF14
	企业	昆明云内动力股份有限公司
	排量（mL）	1900
	功率（kW）	75

2）底盘技术参数。

底盘型号	CA1040K3LE6－1	底盘名称	载货汽车底盘
商标名称	解放牌	生产企业	一汽红塔云南汽车制造有限公司
轴数	2	轮胎数	6
轴距（mm）	2400，2600		
轮胎规格	6.00－15LT10PR，6.00R15LT10PR，6.50－15LT10PR		
钢板弹簧片数	4/5＋2，3/3＋3	前轮距（mm）	1358，1385
燃料种类	柴油	后轮距（mm）	1380
排放依据标准	GB 17691—2018 国Ⅵ		
发动机型号	发动机生产企业	排量（mL）	功率（kW）
D20TCIF14	昆明云内动力股份有限公司	1999	75

3）上装技术参数。

序号	名称	单位	项目需求值
1	叉车提升装置参数		
1.1	提升高度	米	≥3
1.2	可提升重量	吨	1.35T
1.3	加长叉体净长度	米	0.8
1.4	提升液压缸数量	个	2
1.5	提升液压缸行程	米	1.8
2	汽油发电机组参数		
2.1	发电机组品牌		依工程
2.2	※发电机组主用功率	kW	≥8
2.3	发电机组备用功率	kW	≥9
2.4	额定电压	V	230
2.5	额定电流	A	34.8
2.6	功率因数	COSΦ	1.0
2.7	净重	kg	≤100
2.8	额定频率	Hz	50
2.9	机组燃油箱容量	L	≥25
2.10	发动机总排气量	L	≥0.45
2.11	燃油类型		汽油
3	升降照明灯参数		
3.1	升降照明灯杆数	套	1
3.2	升降照明灯功率	W	2×100
3.3	系统工作电压	V	DC24
3.4	系统工作电流	A	≤8.5
3.5	※光源型式	聚光/泛光	LED/聚光
3.6	※光源色温及颜色		6000k/白光
3.7	水平垂直旋转速度	r/min	≥4
3.8	光通量	Lm	≥20000
3.9	灯杆升高高度	m	≥1.2
3.10	灯具安装高度	m	≥2.0
3.11	灯杆形式	套	独立自动升降、旋转（离线遥控＋在线控制）
3.12	※水平旋转角度	°	≥360
3.13	垂直旋转角度	°	≥360
3.14	有效照射距离	m	≥100
4	收放线卷盘参数		

续表

序号	名称	单位	项目需求值
4.1	驱动形式		液压
4.2	控制方式		单独控制，手动阀控制
4.3	卷盘个数	个	2
4.4	卷盘转速	r/min	30
5	液压绞盘参数		
5.1	驱动形式		液压
5.2	提供拉力	吨	2
5.3	控制方式		单独控制，手动阀控制
5.4	绞盘转速	m/min	≥7
6	液压快插接口		
6.1	输出形式		快速插接型接头
7	接地系统	套	接地棒和截面≥25mm² 接地线 10m 及电缆收纳盘

5.2 车辆结构介绍

5.2.1 动力参数

（1）柴油机主要技术规格和参数。

项目	技术参数		
发动机型号	D20TCIF1	D20TCIF2	D20TCIF3
形式	立式、直列水冷、四冲程、增压中冷、双顶置凸轮轴、电控高压共轨		
缸径×行程	81×97		
气缸数	4		
气缸套型式	无套缸		
燃烧室型式	直喷 ω 型		
活塞总排量（L）	1.999		
吸气方式	增压中冷		
标定功率/转速/kW/r/min	93/3200	90/3200	85/3200
最大扭矩/转速 N·m/r/min	350/1600－2400	320/1400－2600	285/1200－2800
标定点燃油消耗率 g/（kW·h）	≤235		

续表

项目	技术参数
最低燃油消耗率 g/（kW·h）	≤209
最低空载稳定转速 r/min	800±30
最高空载稳定转速 r/min	3500-3600
压缩比	16.2:1
各缸工作顺序	1-3-4-2
机油容量（L）	根据实际情况另行规定
曝声（dB（A））	≤93（1 米声压级）
外形尺寸不带中冷器（长×宽×高）mm	757×757×745（带风扇）
净质量 kg	190-220
曲轴旋转方向	逆时针方向（面向功率输出端）
润滑方式	压力、飞溅混合式
冷却方式	强制循环水冷式
起动方式	电起动
电器制式	24V/12V

（2）柴油机型号。

柴油机型号、出厂编号打印在柴油机排汽侧机体加工面上。距离如下：

⚠ 注意：图形只供参考，请以实物为准。

图 5-3 车载柴油机

（3）柴油机各种温度、压力范围。

序号	技术参数名称	计量单位	参数值
1	机油温度	℃	≤130 极限工作温度
2	机油压力	kPa（kgt/cm²）	正常工作时压力：200-500（2-5） 急速时压力：≥80（0.8）
3	排气温度（涡轮机前）	℃	≤750
4	冷却液（出口）温度	℃	85±10 正常工作温度

5.2.2　柴油机使用

（1）柴油。

警告

请到正规加油站加注国六柴油。因劣质柴油造成的柴油机故障，将使得设备不能享受质量保修权益。

选用柴油的标号与使用环境温度有关，环境温度降低时，柴油中的石蜡析出，将会阻塞燃油管路。所以，在不同的地区、不同的季节，请根据不同的环境温度按下表选用不同标号的柴油。否则，将会造成柴油机启动困难。

环境温度	5℃以上	−5℃以上	−10℃以上	−25℃以上
应采用的柴油牌号	0 号轻柴油	−10 号轻柴油	−20 号轻柴油	−35 号轻柴油

警告

当燃油表指针接近"E"时，请您及时加注柴油，切不可因柴油耗尽而熄火。则，将会造成高压油泵严重磨损。

➤ 如果发生油箱柴油耗尽，加注新的燃油后，则必须用油水分离器上的手油泵将低压油管、燃油滤清器（精滤器）和高压油泵内的空气排出。并使低压油管、燃油滤清器和高压油泵内充满燃油，方可启动发动机。

➤ 排气油步骤。

a. 松开油水分离器（粗滤器）上的排气螺钉 2～3 圈，反复按压和松开油水分离器（粗滤器）上的输油泵进行泵油，排出油水分离器（粗滤器）中的空气，直到排气螺钉处无空气排出，拧紧排气螺钉；

● 注意：

➤ 在松排气螺钉时，应缓慢松开，以防燃油喷溅。

➤ 在高压油泵的排气过程中，应打开车辆总电源开关 2 用钥匙接通电源至"ON"档，但不启动发动机。

➤ 必须排出低压燃油管路中混入的空气，否则会引起发动机启动困难甚至无法启动。

➤ 喷油泵、高压油管及油轨内的空气在高压油泵运行时会自动排回油箱，禁止拧松高压油管螺母进行排除。

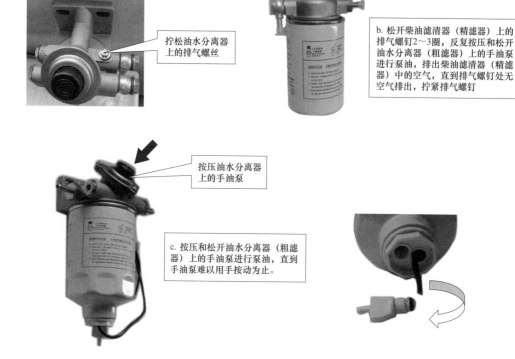

图 5-4　柴油滤清器

柴油中的水对高压共轨系统危害极大。

如果仪表板上的油水分离器水位报警指示灯亮时，说明油水分离器中已积满水，应及时排出。否则，会造成高压油泵、高压油轨及喷油器的锈蚀和磨损，给你带来不必要的损失。

● 放水步骤

a. 拧松放水塞 4～5 圈放出水，直到有柴油流出。为了避免放水塞掉下，不要过分拧开放水塞；

b. 必要时可使用手油泵协助排水；

c. 水分排空后，拧紧放水塞。

➤ 当仪表板上的油水分离器水位报警指示灯点亮时，请及时地排出油水分离器中积水。

➤ 请务必按保养规定定期更换柴油滤芯。一般的柴油滤芯保养里程为 10000 公里，如车辆使用条件恶劣，保养的间隔里程请适当缩短。

（2）机油。

 注意

因未使用 CK-4 或以上级柴油机专用机油，将使您不能享受质量保修权益。

D20TCIF 系列柴油机应使用 CK–4 或以上级柴油机专用机油。

机油的黏度与环境温度有关。在环境温度降低时，机油的黏度增大，从而增加了起动阻力，使柴油机不易达到起动转速，造成起动困难。因此在不同地区、不同季节，应根据不同的环境温度按下表选用不同黏度等级（牌号）的机油。

环境温度	好牌
–10C 以上	15W/40
–20C 以上	10W/40
–30C 以上	5W/30
极寒地区	0W/30

● 检查机油油位

➢ 发动机正常温度下关闭发动机，等待约 5 分钟。

➢ 拉出机油尺。

➢ 用布擦拭机油尺，然后把机油尺重新插到底。

➢ 再次拉出机油尺，查看机油油位。检查机油油面是否在油标尺上下刻线之间，不足时应添加机油。

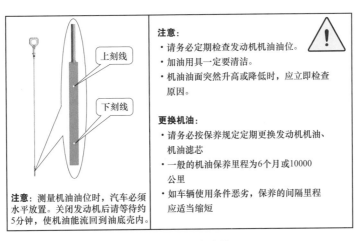

图 5–5　机油油位

（3）冷却液。

防冻液应用，务必采用具有防冻、防沸、防腐、防锈、防垢性能的汽车冷却液。

注意

➢ 要坚持常年使用冷却液，要注意冷却液使用的连续性。不能只知道冷却液的防冻功能，而忽视了冷却液的防腐、防沸、防垢等作用。

➢ 要根据汽车使用地区的气温，选用不同冰点的冷却液。冷却液的冰点至少要比该地区最低温度低10℃，以免失去防冻作用。

➢ 要购买合格的冷却液产品。切勿购买劣质品，以免损坏发动机，造成不必要的经济损失。

 警告

➢ 冷却液液位突然降低时，应立即检查原因。

➢ 请勿在发动机热态时打开冷却液补偿罐或散热器盖子。否则，有烫伤危险。

（4）尿素水溶液。

D20TCIF系列柴油机后处理采用SCR系统，需消耗尿素水溶液。尿素水溶液是由32.5%尿素和67.5%水组成的混合液，又称"添蓝"，当环境温度低于-11℃时会凝固结冰。

 警告

➢ 请到正规加油站加注尿素水溶液。因使用劣质尿素水溶液可能造成柴油机故障报警，将影响正常使用车辆。

➢ 当尿素水溶液液面接近尿素箱10%刻度线时，需要及时加注尿素水溶液，切不可因尿素耗尽再添加；否则，将会造成车辆限速。由于目前加注尿素的场所较少，请尽量使尿素箱内溶液保持上刻线位置，或在车上放置几桶尿素备用。

➢ 尿素水溶液有一定的腐蚀性，一旦接触到眼睛、皮肤或衣服，立即用清水冲洗至少15分钟并及时就诊。

（5）柴油机的启动。

任何情况下柴油机都必须在空挡位状态下，才能起动：

① 用启动钥匙接通电源，观察各电气仪表指示是否正常。

② 仪表板上有预热指示灯，当预热指示灯熄灭时方可启动，若温度过低，将需要较长的预热时间。

③ 起动柴油机：

将开关旋于"起动"位置，柴油机应能顺利起动，起动机每次启动时间应不超过5s。若不能启动应间隔10~15s后再启动。

如果在冬季较冷时，首次起动不成功，请将点火开关旋回于"锁定"位置，然后将开关旋到ON挡再次进行预热，预热即将结束时立即启动。

④ 柴油机起动后应立即松开起动钥匙，使起动机齿轮与飞轮齿圈完全脱开，以防

起动机被反带而损坏。

⑤ 发动机起动时无须踩油门踏板，以确保息速起动。

⑥ 起动后应进行热机，并检查机油压力指示是否正常，怠速运转不应超过 3 分钟。冬季起动后息速运转时间应适当加长。

 警告

启动后请勿立即高速运转柴油机。

（6）柴油机的磨合。

新车或大修后的柴油机在使用前必须进行磨合，通过磨合可以使柴油机各运动件的表面达到良好的配合，避免不正常的磨损和损坏。柴油机的使用寿命、工作的可靠性和经济性，很大程度取决于使用初期磨合的好坏，因此须严格按照磨合规范进行磨合。

柴油机的磨合可配合整车一起进行。磨合里程范围为 4000～5000km 或 3 个月（以先到为准）。在磨合期间，切勿以最大油门行驶，时速不得大于设计最高车速的 80%，勿使柴油机高速运转，柴油机转速应低于 2600 转/min。也不可长时间在息速状态下磨合，切勿让发动机息速状态下运行 3 分钟以上。

走合保养对载荷、车速、发动机转速、行驶里程的要求				
阶段	负荷	车速（最高车速的百分比）	发动机转速	里程【公里】
1	空载	0%	0	禁止空载磨合
	25%负载	50%	≤2000rpm	0～500
2	50%负载	70%	≤2200rpm	500～1500
3	70%负载	80%	≤2400rpm	1500～3000
4	80%负载	不超过最高车速	≤2400rpm	3000～5000

切勿将车辆长时间固定在过高或过低的速度下行驶，无论行驶速度快慢都应经常变换车速。

尽可能避免牵引车辆。尽量避免急加速、急刹车。

磨合结束后，到特约服务站进行柴油机"首次走合保养"。

（7）柴油机的运转。

① 运转过程中注意各仪表的指示是否正常，若有异常应立即停车检查。

② 当仪表板故障指示灯亮时，请及时到特纳服务站进行检修。

 警告

➤ 发动机运行过程中，禁止检修拆卸高压油管！

➤ 运行过程中请勿拔插线束接插件，维修检查过程中切记应先关闭点火开关后方可拔插！再次启动前确保线束接插件连接可靠！

➤ 在柴油机运转时不要触及风崩旋转平面内以及皮带轮、皮带等外露旋转件区域避免受到旋转件伤害。

（8）柴油机的停车。

柴油机在熄火前，应怠速运转 2 分钟方可熄火。请勿在温度过高、负荷过大的情况下骤然停车，这会损坏柴油机或涡轮增压器。发动机熄火 60 秒后才能断开整车主电源开关，SCR 系统需对尿素泵和喷射管中的尿素进行清理，防止尿素泵内腔和管路中的尿素残留导致尿素泵及尿素管损坏。

 警告

➢ 在柴油机处于热态时不要触及排气管等高温件，以免烫伤。

➢ 车辆清洁过程中，禁止使用高压水枪冲洗电控系统接插件部位。

➢ 车辆进行电焊作业时，发动机一定要处于熄火状态，必须关闭总电源，拔掉电控单元（ECU）和传感器上的所有插件！

（9）柴油机后处理系统。

D20TCIF 系列柴油机采用 DOC、DPF、SCR、ASC 集成式后处理系统。

1）DPF 再生。

当柴油机进入再生模式后，排放指示灯会被点亮，此时在确保安全和交通法规允许的情况下尽量保持车辆较高车速勾速行驶（建议车速 60km/以上，发动机转速维持在 1800～2400 转 1 分钟）有利于 DPF 再生，可有效缩短再生里程和降低油耗！

2）DPF 再生时怠速提升。

当发动机触发再生时，排放指示灯会被点亮，怠速会自动提升至 1000 转/分钟左右，可放心使用。

3）手动再生及操作方法。

柴油机因整车条件受限无法完成自动再生或 DPF 轻度一级超载故障时（DPF 指示灯常亮）需要进行原地驻车服务再生。因整车条件受限无法完成自动再生或 DPF 重度二级超载故障（DPF 指示灯闪烁）时，需要人为强制再生，必须到服务站通过诊断仪完成原地再生。

 警告

➢ 在柴油机处于 DPF 再生时不要触及排气管、后处理系统，以免烫伤。

➢ DPF 再生期间排气温度较高，请将车辆置于安全位置，车辆下方及周围无易燃易爆物的开阔空间，特别注意排气尾管出口远离其他物体。切勿将车辆停置在如地下停车场、停车库、室内、加油站等场所。

5.2.3 车机系统装置

（1）仪表及报警灯。

1）油制动液晶屏显示界面。

图 5-6　仪表盘界面

2）油制动液晶屏显示界面-默认模式。

运动模式

经济模式

图 5-7　油制动液晶显示界面

3）气制动液晶屏显示界面。

图 5-8　气制动液晶屏显示界面

4）气制动液晶屏显示界面。

运动模式　　　　　　　　　　　　经济模式

图 5-9　气制动液晶屏显示界面

表 5-1　　　　　　　　　　　　指 示 灯 说 明

图标	指示灯名称	灯亮	图标	指示灯名称	灯亮
←	左转向信号指示灯	左转弯或打开危险警报开关时	→	右转向信号指示灯	右转弯或打开危险警报开关时
远光灯	远光灯指示	远光灯开关打开时	近光灯	近光指示灯	近光灯开关打开时
前雾灯	前雾灯指示灯	前雾灯点亮时	后雾灯	后雾灯指示灯	后雾灯点亮时
(P)	驻车制动指示灯	使用驻车制动时	(R)	倒车指示灯	车辆倒档挂上时
油水分离器	油水分离器水位指示灯	油水分离器水位超过要求位置时	预热	发动机预热指示灯	发动机预热装置工作时
DPF	DPF 碳载量指示灯	后处理过滤网上颗粒物积累较多	DPF禁止	DPF 禁止再生指示灯	碳载量未达到再生条件时，按下禁止再生开关
冷却液温度	发动机冷却液温度指示灯	冷却液温度超过规定值时	电控系统	发动机电控系统故障指示灯（MIL）	后处理或发动机电控系统有问题时
发动机故障	发动机故障指示灯	发动机控制系统存在故障时	机油压力	机油压力指示灯	机油压力过低时

续表

图标	指示灯名称	灯亮	图标	指示灯名称	灯亮
(ABS)	ABS 故障指示灯	ABS 系统存在故障时点亮		燃油报警指示灯	燃油存油低需补充燃油时
(!)	制动系统故障指示灯	制动系统发生故障时		车门报警指示	车门未关到位时
	DPF 再生指示灯	碳载量积累较高，正在进行主动再生		取力器指示灯	取力器开关打开时
	制动蹄片磨损指示灯	制动蹄片需更换时		安全带指示灯	安全带未系时点亮
	驾驶员警告灯			充电指示灯	发电机不发电时
	巡航指示灯	汽车设定为定速巡航状态时	(VAC)	真空报警指示灯	真空度不足时，指示灯点亮

 注意

⊙驾驶员警告灯：当检测到反应剂质量异常、反应剂消耗量低、定量给料中断、EGR阀卡滞监测系统或排放后处理 A 类故障时，驾驶员警告灯点亮。

⊙DPF 碳载指示灯（仅锡柴使用）：当指示灯常亮时，说明碳载量较高，需要驻车进行主动再生；当指示灯闪烁时，说明碳载量很高，需要去服务站清灰。

⊙DPF（柴油机颗粒捕捉再生器）再生指示灯：

云内发动机：当指示灯点亮时，再生过程中；

当指示灯快闪时，需要驻车再生提示；

当指示灯慢闪时，需要去服务站进行再生提示；

锡柴发动机：当指示灯常亮时，正在进行主动再生；

当指示灯闪烁时，即将进行主动再生。

玉柴发动机：当指示灯常亮时，正在进行主动再生；

当指示灯闪烁时，即将进行主动再生。

⊙DPF 禁止再生指示灯：按下 DPF 禁止再生开关时，指示灯才点亮。

5）液晶显示屏。

图5-10 液晶显示屏

—车速表以公里/小时（km/h）指示车速；

—发动机转速表以每刻度200r/min反映发动机转速；

—尿素剩余量显示；

—百公里平均油耗或瞬时油耗显示（主界面短按右键可以切换平均油耗和瞬时油耗，默认为平均油耗）；

图5-11 燃油显示图标

—累计里程和单程里程显示；

—电压、时间和环境温度显示；

燃油显示

—字母标记"F"表示燃油箱注满，"E"表示燃油快接近用完；当钥匙拧到ON档时，燃油指示表就会显示燃油的容量。

—当燃油只剩一格时，油量显示刻度为红色，报警灯点亮（常亮），直到加注燃油达到解除报警值时才不会报警；此时应及时补充燃油，否则供油系统会进入空气，再次启动时需要排气。

—当采集不到燃油信号时，燃油报警灯闪烁，并且在液晶上显示提示信息："燃油传感器信号失效，请检查！"

⚠️

⊙当水温灯点亮时，就要停止行车，并使发动机以怠速空转，直到冷却液恢复正常温度为止。

| | 时钟
—时间为24小时制。 |

图5-12 时钟显示图标

1）平均油耗。

—平均油耗值（单位：升/百公里）是仪表根据发动机燃油消耗率与计算周期内的里程值进行计算（与小计里程无关）。仪表冷启动，平均油耗默认显示为——.一升/百公里，无记忆功能。仪表热启动，显示掉电前的平均油耗值。

—数据更新频率为 10 秒，最大显示值为 99.9 升/百公里，每行驶 1km 计算一次油耗。

2）瞬时油耗。

图 5-13　平均油耗显示图示

图 5-14　瞬时油耗显示图示

—瞬时油耗值（单位：升/小时）显示精度为 1 升/小时，最大显示值为 99 升/小时；油耗信号失效，显示——升/小时，数据更新频率为 0.5 秒，当燃油消耗率数值大于最大值 3212L/H，认为是无效数据，按失效处理。

—主界面短按右键可以平均油耗和瞬时油耗之间切换，默认为平均油耗。

3）蓄电池电压显示。

—电压显示范围为 17～33V。

—当电压低于 23.0V 时，蓄电池符号变红且闪烁。

—发动机转速＞750 转时，蓄电池电压＞31.0V 或蓄电池电压＜27.0V，时间连续超过 30 秒，蜂鸣器报警（长鸣至任一条件解除），充电指示灯点亮，蓄电池电压符号变红。仪表显示"发电机输出电压异常，请检查！"

4）累计里程。

图 5-15　蓄电池电压显示图标

图 5-16　累计里程显示图标

—车辆行驶的所有里程的总和，不可清零。

5）里程小记。

—车辆每次行驶的公里数，在行车界面下，长按右键（≥3 秒），可对小计里程进行清零。

图 5-17　里程小计图标

图 5-18　里程清零图示

6）气压表（气制动）。

—气压表以千帕（0.1MPa）指示储气罐的气压值。

—当任一气压值≤0.45MPa 时，进度条显示红色，制动气压低指示灯点亮；

—当气压上升到≥0.5MPa 时，制动气压低指示灯熄灭；

——如果气压表指示值高于 830MPa 时，需检查卸压阀是否正常工作，管路及制动元件是否符合要求。

7）调节按钮功能。

行车主界面灯

- 长按左键，显示设置项，包括个人设置、版本信息，无选中状态；
- 短按右键后进入选中状态，默认选中个人设置。

设置项

- 短按左键可循环选中个人设置、版本信息，短按右键进入相应选项界面；
- 长按左键返回主界面，处于菜单下任一界面，若无任意按键操作超过 60 秒，界面自动跳转到行车界面。

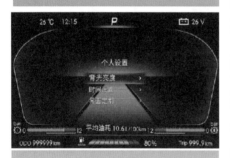

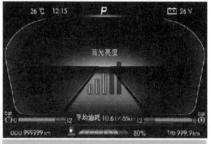

个人设置

- 进入个人设置界面后，默认选中背光亮度，可短按左键循环选中背光亮度、时间设置、主界面定制；
- 短按右键进入相应选项界面；长按左键返回主界面。

背光亮度

- 液晶显示及仪表亮度调整分白天和夜晚两种状态，需要在打开或关闭小灯时各设置一次亮度，初始默认值分别为：100% 和 50%。
- 调光后带记忆功能（包括下电后冷启动时）。

图 5-19 调节按钮

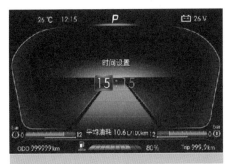

时间设置

- 进入时间设置后，默认选中小时位置，可通过短按右按键来选择时分位，在相应数值位，通过短按左键进行调节；
- 短按右键返回上一界面，长按左键返回主界面；
- 在行车主界面长按左键也可进入时间设置。

界面定制

- 首次进入界面定制界面，默认高亮选择默认模式，通过短按左键可选择默认模式、运动模式、经济模式。
- 短按右键返回上一界面；长按左键返回主界面。

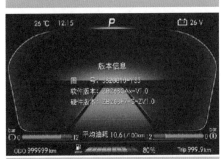

版本信息

- 进入版本信息界面可查看版本信息。
- 短按右键返回上一界面；
- 长按左键返回主界面。

图 5-20　调节按钮

← → 转向信号指示灯

——当接通左转向信号灯时，左转向信号指示灯闪烁；当接通右转向信号灯时，右转向信号指示灯闪烁；当接通遇险警报闪光灯开关时，左右两个转向信号指示灯都闪烁。闪烁频率正常时，表示外部转向信号灯或遇险警报闪光灯正常工作。

Ⓟ 驻车制动指示灯

——在点火开关接通的状态下，向上拉动驻车制动器手柄时，指示灯就会点亮。

ⓘ 制动系统故障指示灯

——在行车过程中，如制动气压/制动油位过低，则仪表板上的制动系统故障指示灯点亮。此时应立即停车检查并排除故障。

⊟⊞ 充电指示灯

——当接通点火开关时，充电指示灯就会点亮，当发动机启动后而发电机电路开始正常工作时，此指示灯就会熄灭。

——如果在行车过程中充电指示灯亮，表明充电系统出现故障，应立即到车辆售后服务站进行检查、维修。

机油压力指示灯

——点火开关接通时，此指示灯立即点亮，发动机启动后，熄灭。

⚠ 警告

⊙如果在点火后此指示灯不熄灭或者在行车过程中点亮，则表明发动机油底壳油位过低或者润滑系统出现故障，应立即停止发动机，进行油位检查或者加注。若仍未排除故障，需对润滑系统进行全面检查，请与车辆售后服务站联系。

⊙切勿在此指示灯点亮的状态下运行发动机。

发动机预热指示灯

——发动机，当接通点火开关"ON"档，ECU将自动识别温度，当温度低于设定值时，接通预热电路进行预热，预热指示灯亮，当工作相应设定时间后，自动断开预热电路，指示灯熄灭。

发动机故障指示灯

——在点火开关接通后、发动机启动前，指示灯将点亮数秒。发动机启动后灯应熄灭。当发动机电控系统发生故障时，发动机故障指示灯点亮，必须停车检查，排除故障后方可行驶。

⊙发动机故障指示灯点亮时，电控系统会根据故障的危险程度，适当地对发动机和车辆进行转速、车速的限制控制。此时应将车辆低速开到最近的车辆售后服务站，由专业维修人员进行详细检查和维修。

 油水分离指示灯

—燃油滤清器里面的水较多时，此指示灯就会点亮。

注意：⊙如果此指示灯点亮，应排除积水。

 ABS 警告灯

—如果车辆配备，点火接通时 ABS 警告灯将瞬间点亮。这表明系统正在自检且指示灯灯泡工作正常。警告灯应在数秒后熄灭。

—如果 ABS 警告灯在行车时点亮，表明您的 ABS 系统可能有故障。请尽快咨询车辆售后服务站检查系统并进行必要的修理。

 安全带指示灯

—点火开关接通时，本指示灯立即点亮，当安全带扣插入安全带固定座时，此灯熄灭，表明安全带扣合好。当监测到安全带未系时，此灯闪烁，同时伴有警示声音，声音报警 30 声后若还未系安全带，声音报警结束，指示灯由闪烁变为常亮。

8）仪表蜂鸣器报警。

① 制动系统故障指示灯常亮报警（常响）；

② 小灯未关（门开，钥匙拔出，常响）；

③ 安全带未系（车速大于 10km/h，30 声）；

④ 机油压力较低且转速大于 100r/min（30 声）；

⑤ 水温高报警（30 声，大于 105℃）；

⑥ 燃油低报警（5 声，小于 15%）；

⑦ 尿素低报警（20 声，小于 15%）；

⑧ 取力器开关按下，取力器指示灯常亮（5 声）；

⑨ 真空助力报警时（常响）（油制动）；

⑩ 发电机故障（常响）；

⑪ Can 通信异常（常响）；

⑫ 手刹未松（车速大于 5km/h，常响）；

⑬ 钥匙未拔报警（门开，钥匙未拔，5 声）；

⑭ 行驶按键操作（车速大于 2km/h，按仪表按键，5 声）；

⑮ 左右转向（"嘀……哒……"提示音常响）；

⑯ 车门打开（车速大于 10km/h，常响）。

（2）开关、按钮、手柄。

仪表板通风格栅

组合仪表

组合开关手柄

喇叭开关

离合器踏板

MP3/MP5(选)

危险灯及各功能开关

空调及鼓暖风机控制面板

备用电源及USB接口

(钥匙)启动开关

制动踏板　油门踏板　变速杆

驻车制动手柄

图5-21　驾驶室开关布局图

若出现序号12报警，到车辆售后服务站检修车辆。

1）点火开关。

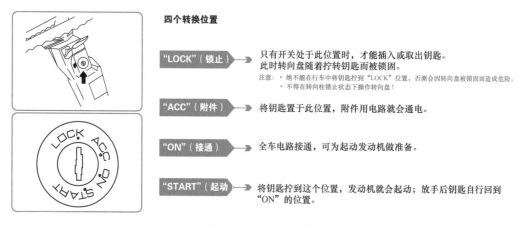

四个转换位置

"LOCK"（锁止）　只有开关处于此位置时，才能插入或取出钥匙。
此时转向盘随着拧转钥匙而被锁固。
注意：· 绝不能在行车中将钥匙拧到"LOCK"位置，否则会因转向盘被锁固而造成危险。
· 不得在转向柱锁止状态下操作转向盘！

"ACC"（附件）　将钥匙置于此位置，附件用电路就会通电。

"ON"（接通）　全车电路接通，可为起动发动机做准备。

"START"（起动）　将钥匙拧到这个位置，发动机就会起动；放手后钥匙自行回到"ON"的位置。

图5-22　点火开关

2）组合开关手柄。

组合开关由左置手柄、右置手柄组成。左置手柄具有灯光开关、转向信号灯开关、远近光变光开关及后雾灯开关、前雾灯开关的功能。右置手柄具有挡风玻璃刮水器开关、挡风玻璃清洗器开关的功能。

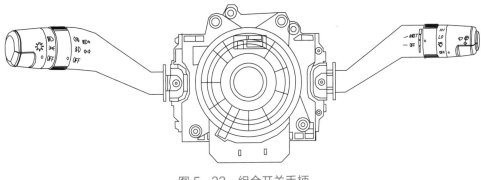

图 5-23　组合开关手柄

3）灯光开关。

车灯控制开关旋钮有两组档位，每一组档位有两个档位，扭到对应的档位上即可控制下列各灯：

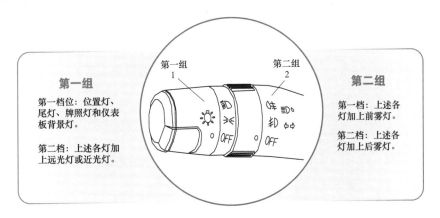

图 5-24　灯光开关

4）转向信号灯开关。

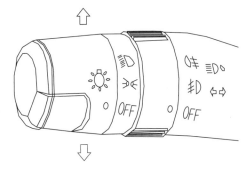

图 5-25　转向信号灯开关

朝所需的转向方向扳动开关手柄时，外部转向信号灯就会点亮，同时仪表上的转向信号指示灯也会闪烁。

- 左手柄杆向前推，右转向信号灯闪烁。
- 左手柄杆向后拉，左转向信号灯闪烁。

转向手柄处于转向位置时，向相反方向打方向盘时，开关手柄就会自动回位。

当手柄向后拉时，将接通左转向灯。提醒前方，对面车辆注意或将要超车。

5）变光开关。

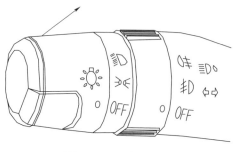

图 5-26 变光开关

手柄旋钮处于 ▥ 位置，手柄处于中档位时，前照灯为近光，手柄处于下档位时，前照灯为远光。

手柄旋钮处于 ▥ 位置，向上抬手柄，接通远光，松手后自动回位。反复上抬和放开，就给出远、近光交替的超车信号。

手柄旋转至相应灯光，仪表中灯光指示灯均会变亮指示。

6）前风窗玻璃刮水器和清洗器。

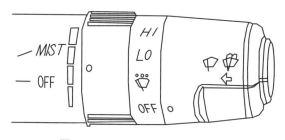

图 5-27 雨刮器和清洗器开关

一挡风玻璃刮水器开关具有 5 个档位：

断开（OFF）间歇（INT）点动（MIST）低速（LO）高速（HI）。

一点动：钥匙拧到 ON 档时，雨刮手柄向前推动一下松开，雨刮自动刮一次后停止。

一间歇：雨刮间歇时间调节有 5 个档位：分别是 1 秒、3 秒、5 秒、10 秒、15 秒。

例：间歇时间调节到 5 秒档位时，每隔 5 秒自动刮一次，直到关闭或是变换到其他档位时，才停止当前动作。

 注意

⊙如挡风玻璃干燥时，不得开动刮水器，以免刮伤玻璃。如刮片上积雪或积冰时，也不得开动，否则会损伤刮水器系统。

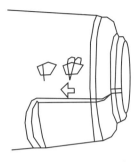

图 5-28　清洗器开关

7）清洗器开关。

—风窗洗涤器开关在右手柄的端部。

—将手柄端部开关按下，洗涤液即喷到风窗玻璃上；松手后，停止喷射。

—当刮水器开关处于"OFF"时，按动手柄端部洗涤器开关，刮水器将能自动刮水三次。

 注意

洗涤器连续喷射 20 秒以上或无洗涤液状态下继续转动电机，会烧坏电机。须及时补充洗涤液。

8）喇叭转换开关。

 当按下喇叭转换开关时，按喇叭按钮，气喇叭工作；当弹起喇叭转换开关时，按喇叭按钮，电喇叭工作。

9）危险报警开关。

 汽车在出现紧急情况和非正常状态行车时，使用本按钮。

按下开关按钮，所有转向信号灯闪亮。与转向信号灯开关所处的位置无关。

 注意

当车辆路上发生故障、行驶中突遇暴雨或是浓雾、道路上临时停车时，需要打开此开关，提醒其他车辆与行人需注意安全。

10）取力开关。

 举升货箱时，需按下取力开关，才能正常举起货箱，放下货箱后请按下此开关。

11）高低速转换开关（气制动带副变速车型）。

启动发动机，在空挡状态下，踩下离合器踏板时按下此开关，再换上档位，车辆可在此档位的高速状态下行驶。

⚠ 注意

仅能在空挡状态下操作高低速转换开关，否则会损坏您的车辆。

12）DPF 禁止再生开关。

驾驶员根据情况判断，若不满足再生条件（正在进行加油、处于易燃易爆区域、油量较低）但仍在进行主动再生时，需要按下此按键进行禁止再生。

13）DPF 开关。

当颗粒物积累到一定量时，DPF 再生指示灯闪烁，此时应及时驶离道路，必须进行驻车（挂空挡、拉手刹）再生，按下 DPF 再生开关即可；此时 DPF 再生指示灯常亮，待颗粒物处理完毕，DPF 再生指示灯会自动熄灭，即可继续行驶。

若 DPF 再生过程中，发动机出现异常情况或其他危险情况，需退出再生时，按下 DPF 再生开关，则退出再生，DPF 再生指示灯不再闪烁。

14）调光开关。

驾驶员根据需求通过操纵开关（共四个档位），调整组合前大灯光束的照射高度。

15）电源电压管理。

当电源电压小于 17V 或是大于 33V 时，以下部件不工作：

① 前/后雾灯不亮；

② 远/近光灯不亮；

③ 位置灯不亮；

④ 刹车灯不亮；

⑤ 左/右转向灯、侧转向灯都不亮；

⑥ 前雨刮/洗涤功能不工作；

⑦ 中控门锁不工作。

16）回家照明功能。

点火开关（IGN）和灯控开关均处于 OFF 档，拨动超车灯开关，点亮近光灯和位置灯（30 秒），回家照明功能开启；点亮 30 秒后或是再次拨动超车灯开关时，近光灯和位置灯则立即关闭，回家照明功能关闭。

17）应急照明功能。

所有车门关闭到位且点火开关（IGN）和灯控开关处于 OFF 档时，收到遥控解锁信号时，位置灯和室内顶灯点亮，迎接照明功能开启；任意打开驾驶室或副驾驶室车门，位置灯立刻熄灭，迎接照明功能关闭；车辆上电或是 30 秒后，室内灯 2 秒熄灭。

18）中控锁自动上锁功能。

车辆在行驶途中，车门关闭到位，若中控锁未上锁，当车速大于 20km/h 时，中控锁自动上锁；若手动强行解锁，解开后立即上锁。

19）定速巡航功能。

定速巡航功能可不用脚踏加速踏板，而保持设定的车速继续行驶。

 注意

⊙车速在 40～120km/h 方可使用定速巡航功能；

⊙不正确的启用定速巡航控制功能会导致撞车事故；

⊙在保证安全、气候条件良好、路面平坦、畅通的高速公路上时，才能启用定速巡航功能；

⊙巡航状态下，禁止驾驶员离开驾驶位置。

—进入定速巡航需满足的条件：

① 没有踩下刹车；

② 没有踩下离合器；

③ 刹车、离合、油门没有故障；

④ 车速在 40～120km/h 范围内；

⑤ 匹配锡柴发动机的车型，要求仪表台上的定速巡航开关处于按下状态。

 注意

⊙同时满足以上条件才能进入定速巡航功能，反之，定速巡航功能无法启动。

——巡航进入：车辆处于行驶状态，当车速在 40～120km/h 范围内并且车速稳定行驶时，短按巡航 SET＋或 SET－按键，车辆进入巡航状态，此时仪表盘上巡航指示灯点亮；松开油门，车辆以当前的速度行驶。

——巡航加速：

① 车辆处于巡航模式状态行驶，短按巡航 SET＋按键，每按下一次，车辆速度增加 2km/h；每次连续按下不得超过 5 次，超过 5 次则按 5 次计算，若要继续加速，等 10 秒后，继续短按巡航 SET＋键，方可继续加速。

② 车辆进入巡航模式后，长按巡航 SET＋按键，车辆速度以每秒 1.5km/h 的速度增加，直到松开按键。

注意

⊙SET+按键最长只能按 15 秒，超过 15 秒后退出巡航。

——巡航减速：

① 车辆进入巡航模式后，短按巡航 SET-按键，每按下一次，车辆速度减少 2km/h；每次连续按下不能超过 5 次，超过 5 次则按 5 次计算。若要继续减速，等 10 秒后继续短按巡航 SET-键方可继续减速。

② 车辆进入巡航模式后，长按巡航 SET-按键，车辆速度以每秒 1.5km/h 的速度减速直到松开按键。

 注意

⊙巡航减速功能只可作为行驶过程中调节车速的一种手段，不可作为一种制动的工具，在跟车行进、红绿灯路口或者车辆、人员较多的驾驶环境下，请务必采用制动踏板制动。

⊙SET-按键最长只能按 15 秒，超过 15 秒后退出巡航。

——巡航恢复：

① 车辆处于巡航模式状态时，踩下刹车或离合，车辆退出巡航模式，巡航指示灯熄灭。

② 车辆行驶速度大于 40km/h 的速度行驶在平坦路面上，此时按下巡航 RES（恢复）按键后松开，车辆进入巡航状态，巡航指示灯点亮，车速逐渐恢复到退出巡航时的速度。

——巡航退出：

车辆处于巡航模式状态时，以下方式均退出巡航状态：

① 按下巡航关闭按键后松开（锡柴发动机车型除外），车辆退出巡航状态，巡航指示灯灭；

② 踩下离合踏板后松开，车辆退出巡航状态，巡航指示灯灭；

③ 踩下刹车踏板后松开，车辆退出巡航状态，巡航指示灯灭；

④ 定速巡航任意两键或多键同时按下，车辆退出巡航状态，巡航指示灯熄灭；

⑤ 车辆在巡航状态下，踩踏油门踏板加速，若踩踏时间超过 10 秒，巡航退出，巡航指示灯熄灭；

⑥ 巡航车速大于 120km/h 时，巡航退出，巡航指示灯熄灭；

⑦ 巡航车速小于 40km/h 时，巡航退出，巡航指示灯熄灭；

⑧ 当前实际车速与巡航设定时的车速偏差大于 15km/h 时，巡航退出；

⑨ 长按 STE+或 SET-按键超过 15 秒时，巡航退出，巡航指示灯熄灭；

⑩ 发动机转速低于 1000rpm，巡航退出，巡航指示灯熄灭；

⑪ 发动机转速高于 3200rpm，巡航退出，巡航指示灯熄灭。

（3）多功能方向盘（带定速巡航）。

图 5-29　多功能方向盘

序号	功能键	功能定义及说明
1	设定/加速按键	定速巡航-加速
2	设定/减速按键	定速巡航-减速
3	巡航恢复按键	定速巡航-恢复默认设置
4	巡航关闭按键	退出定速巡航
5	下一项	在播放车载音乐、蓝牙音乐或是 MP5 播放视频，需要切换到下一曲或下一个视频时，按下此键即可转换
6	上一项	在播放车载音乐、蓝牙音乐或是 MP5 播放视频，需要切换到上一曲或上一个视频时，按下此键即可转换
7	音量+	在播放车载音乐、蓝牙音乐或是通话时，音量小，需要增大音量，按下此键即可（每按一次，音量增加一个单位）
8	音量-	在播放车载音乐、蓝牙音乐或是通话时，音量过大，需要调到舒适的音量，按下此键即可（每按一次，音量减小一个单位）
9	接听/结束通话	车载蓝牙与手机连接后，在车辆行驶过程中，若有来电，只需按下此按键即可与对方通话；通话完毕时，再按下此按键，通话结束
10	静音	在播放车载音乐、蓝牙音乐或是通话时，需要短暂的安静，按下此按键即可进入静音模式
11	喇叭按钮	钥匙处于 0N 档时，按下转向盘上的喇叭按钮，喇叭才会鸣响

1）巡航恢复按键。

——车辆行驶速度大于 40km/h 的速度行驶在平坦路面上，此时按下巡航 RES（恢复）按键后松开，车辆进入巡航状态，巡航指示灯点亮，车速逐渐恢复到退出巡航时的速度。

 注意

⊙采用巡航恢复按键恢复巡航只适用于踩刹车、离合、油门退出的巡航；其他方式退出的巡航需要按"STE+"或"SET-"按键才能进入。

2）巡航关闭按键（锡柴发动机车型除外）。

—车辆处于巡航模式状态行驶，短按"OFF"按键，车辆退出巡航模式，巡航指示灯熄灭。车辆行驶速度由档位和油门踏板控制。

3）巡航"−"按键。

—车辆处于行驶状态，当车速在 40～120km/h 范围内（锡柴发动机车型，还要求仪表台上的定速巡航开关处于按下状态），短按巡航 SET−，车辆进入巡航状态，此时仪表盘上巡航指示灯点亮；

—车辆处于巡航模式状态行驶，操作此按键可降低车速。

4）巡航"＋"按键。

—车辆处于行驶状态，车速在 40～120km/h 范围内（锡柴发动机车型，还要求仪表台上的定速巡航开关处于按下状态），短按巡航 SET＋，车辆进入巡航状态，此时仪表盘上巡航指示灯点亮；

—车辆处于巡航模式状态行驶，操作此按键可提高车速。

5）液压驻车制动。

—驻车制动器操纵杆位于驾驶员座椅右侧。

—制动时，将手动操纵杆向上拉起，实行制动。

—解除制动时，将驻车制动器操纵杆略朝上拉，按下锁钮手柄向下推动。

 注意

⊙点火开关接通状态下，实施驻车制动，驻车制动器指示灯就会亮。

6）液压行车制动。

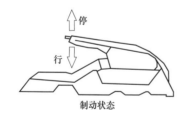

图 5-30　液压驻车制动装置

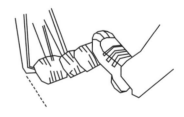

图 5-31　液压行车制动装置

—行车制动。行车中液压制动系统管路正常的情况下，踏下制动踏板，使前\后轮制动。

 注意

⊙严禁在驻车制动器处于制动状态下开车，否则会造成制动鼓过热现象，甚至损坏驻车制动机构。

7）气压驻车制动（断气刹）。

—断气刹操纵手柄位于驾驶员座椅右侧。

—将锁止开关向上提起，同时将操纵杆向后拉起实现驻车制动。

—将锁止开关向上提起，同时将操纵杆向前推动，解除断气刹。

 注意

⊙点火开关接通状态下，实施驻车制动，驻车制动指示灯就会点亮。

⊙在行驶时，不要操作驻车制动手柄。

8）气压行车制动。

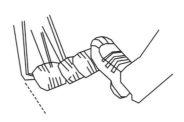

图5-32　气压驻车制动装置　　　　图5-33　气压行车制动装置

—行车中在制动系统供气管路气压足够的情况下，踏下制动踏板，使车轮制动。

 注意

⊙在紧急情况下，行车中脚制动失灵或无气压时，允许使用驻车制动器操纵杆作为应急制动，但不能长时间代替行车制动。

⊙松开驻车制动手柄前请确认气压已经达到650kPa。严禁强行起步。

⊙严禁在驻车制动器处于制动状态下开车，否则会造成制动鼓过热现象，甚至损坏驻车制动机构。

9）油门踏板。

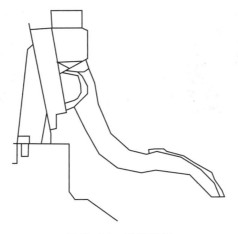

图5-34　油门踏板

—为了避免不必要的燃油消耗，应按需适当而平稳地操作油门踏板。

10）制动踏板。

—为了避免急剧制动，应平稳地操作制动踏板。当下坡时，应一面用发动机制动，一面使用行车制动器。

—如果在行车中发动机停止运转，真空助力器就不能充分发挥其作用，制动踏板力大幅上升，从而影响制动效能。因此是十分危险的。

11）离合器踏板。

—换挡时，必须将离合器踏板踩到底，否则变速器齿轮会发出摩擦音，被迅速磨损。不用离合器时，不得把脚放在离合器踏板上。

12）变速操纵杆。

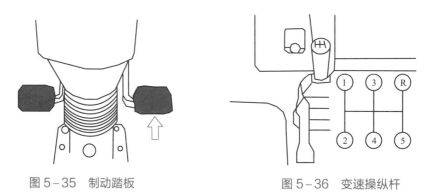

图 5-35　制动踏板　　　　　　图 5-36　变速操纵杆

—进行换挡操作时，应先将离合器踩到底。换挡位置图位于变速器操纵杆手柄顶面。在起动开关钥匙处于"接通"位置时，如将变速杆换入倒挡，倒车灯就会点亮。

—如装备倒车报警蜂鸣器就会蜂鸣报警。

13）高低速开关。

图 5-37　高低速开关

—手柄或开关拉起或上拨动切换副变速箱工作状态。

—手柄或开关推下或下拨动切换副变速箱停止状态。

—小八挡箱高低速挡位变换时，先预选到高挡或者低挡区，再踩下离合踏板，最后再摘挡并挂挡。

注意

⊙小八档箱换挡时，不允许跳档操作，换挡时应将离合器彻底分离，有意识的稍停片刻，以保证副箱同步器完成转换。换高低档时，应该先搬动高低档控制开关，达到预换挡的目的，不允许先摘到空挡再搬动高低档控制开关换挡。

——其他带副箱车型高低速档位变换时，先停车或车速 10 以下，踩离合踏板，打开高低速开关，最后摘档并挂档。

 注意

⊙因副箱不带同步器，所以不能和主箱一样进行高速换挡，必须先停车或者车速10 码以下，且必须发动机彻底分离。

14）钥匙。

——本车提供 2 把钥匙，可打开所有的锁。

说明：钥匙编号打印在钥匙的图示位置上。将 2 把钥匙分开存放，以便其中 1 把钥匙丢失时，可从售后服务站重新配制。

 注意

⊙离车时务必拔下点火钥匙，随身携带！以防留在车内的儿童起动发动机或使用车内电气设备导致伤害。

（4）开关车门。

1）遥控钥匙功能。

图5-38 遥控钥匙图片

上锁键 1：车门关闭到位时，按下此键中控锁上锁，电动车窗自动上升，转向灯闪烁一下，喇叭响一声，说明车门上锁成功；若上锁不成功，喇叭不会响，转向灯闪烁三次。

寻车键 2：按下此键，左右转向灯闪烁 20 次。遥控寻车功能开启时，若按下遥控上任意按键或转向灯闪烁20次后，遥控寻车功能关闭。

解锁键 3：车门处于上锁状态时，按下解锁键，车门解锁，所有转向灯闪烁 2 次，同时位置灯、室内顶灯也点亮；若解锁 15 秒后无车门打开过，自动恢复上锁。

2）电子遥控中控锁。

① 遥控设防。

—按遥控器锁止键一下，中控锁自动落锁，两侧车门同时会被锁止，同时两侧车窗自动上升到顶（若车窗未上升到位）。按遥控器开锁键一下，中控锁自动开启，两侧车门锁同时被开启。

② 说明。

—不要将遥控器开关放在阳光直射的地方。保持遥控器开关干燥。

—不要用遥控器用力敲打其他物体或使其跌落。

3）门锁。

① 用钥匙开启和闭锁左前侧门（驾驶员侧）。

—左前门独立控制中央门锁的开锁、闭锁。

—把钥匙插进左前侧门钥匙孔内，逆时针旋转，所有车门（2 门）处于开启状态，只需拉动外拉手即可打开车门。

—锁门时，用力推车门到位，插入钥匙，顺时针转动即可锁住车门（2 门）。

图 5-39　车辆车门

② 用钥匙开启和闭锁右前侧门（副驾驶员侧）。

—把钥匙插进右前侧车门钥匙孔内，顺时针旋转，门锁开启，只需拉动外拉手即可打开右侧车门。

—锁门时，用力推侧车门到位，插入钥匙，逆时针转动即可锁住侧车门。

用内侧锁钮对左前侧门锁定。

—内侧锁钮置于锁止位置时，将门外拉手拉起，关闭车门即可锁住，当心不要将钥匙锁在车内。

—在车内，若锁钮置于锁止位置时，拉动内拉手将无法开启车门。

说明：左前侧门内侧锁钮独立控制中央门锁的开锁、闭锁。

4）车窗控制。

—通过操纵玻璃升降按键实现控制玻璃升降。具体模式如下：

① 左窗升降控制。

上升：点火开关在 ON 档位时，轻按左侧门玻璃升降按键上半部分，左电动车窗手动上升；

下降：点火开关在 ON 档位时，轻按左侧门玻璃升降按键下半部分，左电动车窗手动下降。

—左窗升降控制按键下降控制有两个档位，第一档为持续按键下降，在第一档情况下再稍往下按按键即为第二档自动下降。

② 右窗升降控制。

—右侧门玻璃升降按键

—上升：点火开关在 ON 档位时，轻按主控右侧门玻璃升降按键上半部分（或右侧玻璃升降按键上半部分），右侧电动车窗手动上升；

—下降：点火开关在 ON 档位时，轻按主控右侧门玻璃升降按键下半部分（或右侧玻璃升降按键下半部分），右侧电动车窗手动下降；

图 5-40　车窗升降开关

1—左侧门玻璃升降按键；

2—主控右侧门玻璃升降按键

图 5-41　右窗升降开关

 注意

⊙在下降过程中如若点火开关打 OFF 档时，电动车窗停止下降。

③ 右窗升降控制优先级说明。

—驾驶侧控制开关（主控右升降开关）优先高于右侧升降控制开关。

 警告

⊙在车门玻璃升降过程中，不要将头、手或身体的其他部位伸出车窗，避免被夹住受到伤害。

⊙使用遥控器时，必须清楚地看到车辆并确认电动车窗等不会卡住乘员时，才能使用遥控。

5）燃油箱盖锁的操作。

—旋动堵盖，插入钥匙，用手把住燃油箱盖，逆时针转动钥匙 90°，再逆时针旋转燃油箱盖，即可取下。

—顺时针旋转燃油箱盖，旋紧后，把住燃油箱盖，再顺时针旋转钥匙 90°，即可锁止，最后将堵盖盖住钥匙孔。

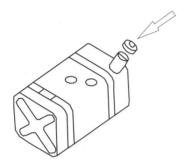

图5-42 燃油箱开盖图片

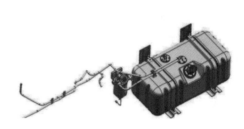

图5-43 燃油箱锁止图

（5）座椅及安全带。

1）驾驶员座椅。

—调节杆 A：将此调节杆向左扳动，就能使座椅前后滑动。（部分座椅的调节杆 A 位于座椅靠背后）

图5-44 驾驶员座椅

—调节杆 B：将此调节杆向上扳动，就能调节靠背角度。

2）乘客座椅安全带。

—把座椅调节到驾驶员感到舒适的位置，坐到座椅时上半身应紧贴靠背。

—握住安全带的搭扣端和扁平金属舌片的一端，把金属舌片插入搭扣的开口端，直到发出"卡嗒"声扣住为止。

—确认安全带牢固接好后，把安全带横置于腰部的部分压下去，使其尽量靠近盆骨。为避免身体从安全带滑脱，应拉紧搭扣舌片延伸出来的安全带另一端，使安全带呈紧贴身体的状态。

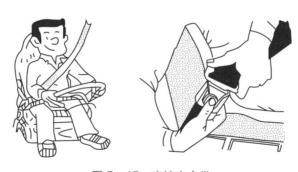

图5-45 座椅安全带

注意

⊙安全带紧贴身体和放低其位置非常重要。假如车辆相撞时，从安全带产生的力分布在较强壮的盆骨部位，而不是腹部一带。若不把安全带扣紧，发生车祸时将会造成严重的伤亡事故。

——要放长安全带腰带时，应使用搭扣与安全带呈直角后拉动搭扣板，安全带就会通过搭扣板滑动。

——要解开安全带腰带时，应按下搭扣中央的按钮。

3）前座椅肩腰复式安全带。

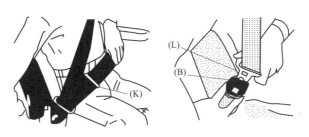

图 5-46　前座椅肩腰复式安全带

驾驶员可选用 3 个点支撑，兼起腰带、肩带作用的复式安全带。

使用方法：

① 把座椅调节到驾驶员感到舒适的位置，使上半身贴靠座椅后背。

② 握住座椅安全带的搭扣舌片（L），拉紧复式安全带，使其跨过身体。这时，应把搭扣舌片边同安全带拉到搭扣的位置，将其插入搭扣的开口端，直到发出"卡嗒"声为止。

——应把安全带横置于腰部的部分压下去，使其尽量靠近盆骨部分。然后，将串过搭扣舌片孔的肩部安全带向上拉紧，使安全带紧贴于腰部。这样可减少发生车祸时身体从安全带滑脱的危险。如果拉紧安全带时定位扣（K）顶住搭扣舌片，应朝靠近该座椅的车门方向移动定位扣。

 注意

为了避免发生车祸时受到伤害，绝不能两人同时使用一条安全带。应注意避免安全带因呈扭曲状态而受到磨损或被座椅各金属构件或车门夹住。

4）安全带检查和维护。

定期检查安全带、搭扣、搭扣舌片、安全带收缩装置、支座等是否损伤；如发现安全带被切伤、变弱、裂纹或受到碰撞载荷时，应加以更换；检查支座固定螺栓是否牢固地拧在地上；安全带保持清洁和干燥；只能用碱性不强的肥皂液和温水清洗；不得对安全带进行漂白或染色，否则会减弱安全带的强度。

⚠ 安全带使用警告

⊙不正确的系安全带，可能导致乘员严重受伤甚或死亡。

—尽可能让安全带紧贴。

—尽可能地调整座椅椅背直立。

—不要在车辆行驶时，调整座椅椅背。

—安全带扭转时不要系上安全带。

—不要将肩部皮带放在手臂之下。

—肩部皮带应该放在肩部中间（绝不超过头部）。

—腰部安全带应该放在臀部以下部分，不是腹部。

—腰部过高和肩带松动都可能会增加受伤或死亡的概率，因为意外发生时身体会滑动到安全带底下。

（6）车载蓝牙 MP3。

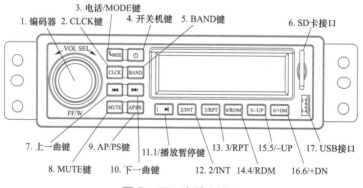

图 5-47　车载 MP3

序号	功能键	功能定义及说明
1	开关机键	轻触开关机
2	电话/MODE 键	来电接听或挂断电话，长按拒绝电话；未来电状态（收音-USB-SD-PHONE 蓝牙状态-收音）循环
3	CLCK 键	轻触显示时间，长按 3～5s 可以通过编码器调时间
4	BAND 键	收音波段切换（FM1-FM2-FM3）循环

序号	功能键	功能定义及说明
5	上一曲键	长按收音步进、MP3 状态步进，短按收音向上搜台，MP3 向上切换歌曲，长按快退
6	下一曲键	长按收音步进、MP3 状态步进，短按收音向下搜台，MP3 向下切换歌曲，长按快进
7	MUTE 键	轻触静音，任意键解除
8	AP/PS 键	短按浏览 1～6 号电台，长按自动搜台，并存贮 1～6 号数字上
9	1/播放暂停键	MP3 状态轻触播放或暂停歌曲，收音状态提取 1 号键电台
10	2/INT	MP3 状态浏览歌曲开关 10S，收音状态提取 2 号键电台
11	3/RPT	MP3 状态重复播放当前歌曲，收音状态提取 3 号键电台
12	4/RDM	MP3 状态随机播放歌曲，收音状态提取 4 号键电台
13	5/－UP	MP3 状态－10 首歌曲，收音状态提取 5 号键电台
14	6/＋DN	MP3 状态＋10 首歌曲，收音状态提取 6 号键电台
15	编码器	旋转控制音量大小，轻触为模式切换，轻触高音、低音、左右声道切换、音效模式功能

打开手机蓝牙，在手机蓝牙搜索设备列表中选中 MP3 蓝牙即可连接成功，连接成功后，即可使用蓝牙通讯录、蓝牙音乐等功能，并配合方向盘上多功能按钮进行接听电话、改变音量等操作。

（7）车载 MP5 面板介绍。

1）MIC。

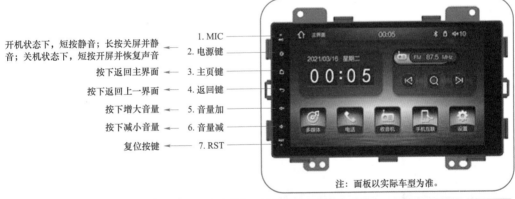

开机状态下，短按静音；长按关屏并静音；关机状态下，短按开屏并恢复声音 ← 1. MIC

按下返回主界面 ← 2. 电源键

按下返回上一界面 ← 3. 主页键

按下增大音量 ← 4. 返回键

按下减小音量 ← 5. 音量加

复位按键 ← 6. 音量减

7. RST

注：面板以实际车型为准。

图 5－48 车载 MP5

——找到并点击屏幕上"设置"按钮，进入到包含面板介绍、蓝牙连接、通信等页面。

——点击手机互联按钮，使用手机扫码下载"驾驶伴侣"App，按 App 提示连接步骤可将手机与 MP5 连接，实现手机投屏、导航、本地音乐播放等功能。

——在 MP5 主界面点击"蓝牙"按钮，可进入蓝牙连接设置，打开手机蓝牙，在手机蓝牙搜索设备列表中选中 MP5 蓝牙（默认名称：YQBL2021－XXXXXX）即可连接成功，连接成功后，即可使用蓝牙通讯录、蓝牙音乐等功能，并配合方向盘上多功能按钮进行拨打电话、切换歌曲等操作。

注意

手机互联时，手机投屏功能对手机系统有相应要求，其中：

IOS 系统（iPhone）：需要 IOS12.0 或更高版本；

安卓系统：需要安卓 7.0 或更高版本；

鸿蒙系统：适用于所有版本。

（8）其他装置及操作。

1）天线。

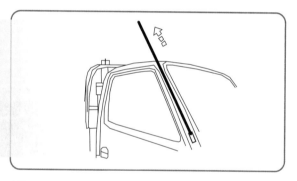

图 5－49　车载天线

2）暖风装置、除霜器、空调装置。

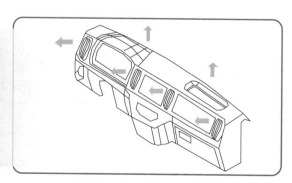

图 5－50　车载空调

控制面板如下：

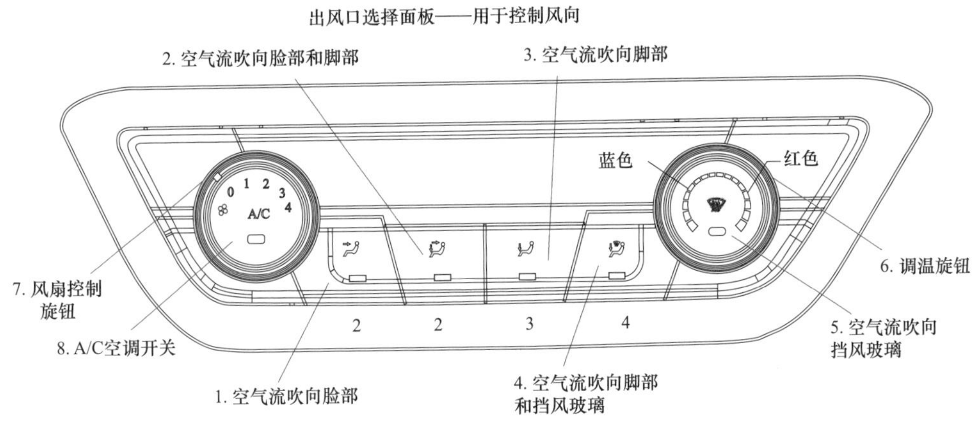

出风口选择面板——用于控制风向

2. 空气流吹向脸部和脚部　　　　　3. 空气流吹向脚部

蓝色　　　红色

0 1 2 3
A/C　　4

7. 风扇控制
旋钮

8. A/C 空调开关

1. 空气流吹向脸部

2　　2　　3　　4

6. 调温旋钮

5. 空气流吹向
挡风玻璃

4. 空气流吹向脚部
和挡风玻璃

图 5-51　车载空调控制面板

3）调温旋钮。

—用于调节温度（通过热水流量控制调节空气温度）。向右红色为高温，向左蓝色
为低温。

4）风扇控制旋钮。

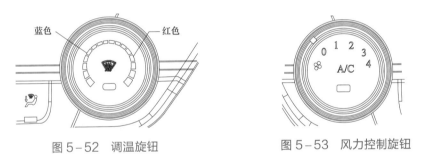

蓝色　　　红色

0 1 2 3
A/C 4

图 5-52　调温旋钮　　　　　　　图 5-53　风力控制旋钮

—风扇控制旋钮可分 4 级调节风量：1 级、2 级、3 级、4 级，风量逐级增大，0 为
关闭。

① 室温调节（装备空调装置的车辆）。

—可将室温调节为所希望的温度。只要按下"A/C"空调开关，即可接通，再按一
下"A/C"即可关闭。

② 冷气（装备空调装置的车辆）。

—将空调"A/C"开关按下，并将调温旋钮转至蓝色（低温）位置。如需要用冷气
迅速冷却室内时，将风扇控制旋钮转至"4"的位置。

5）挡风玻璃防雾装置。

—将出风口选择面板空气流吹向挡风玻璃按钮按下，然后接通风扇控制旋钮，即可
使用挡风玻璃防雾装置。

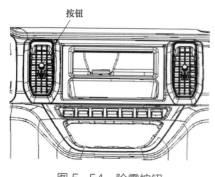

图 5-54 除雾按钮

6）仪表盘通风口格栅。

—通风口格栅可引进外部空气，只要拨动通风口格栅上的按钮，就能向上下、左右调节风向。

（9）驾驶室机构–翻倾式驾驶室。

—如需要进行发动机的检修作业时，单排/排半可使驾驶室翻倾，以直接靠近发动机室。

驾驶室翻倾式作业步骤：

在开始驾驶室翻倾作业之前，应进行下述准备工作。

—把车辆停放摆正在平坦的地面上，检查在驾驶室前方、上方有无足够的空间。

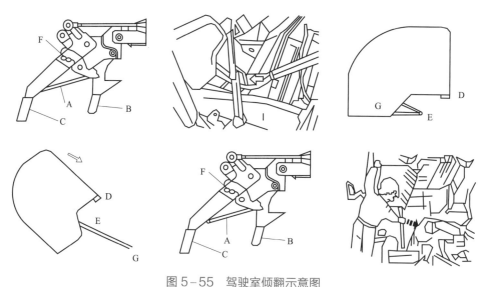

图 5-55 驾驶室倾翻示意图

—将驻车制动器手柄拉到底。

—将变速杆置于空挡位置。

—从驾驶室搬出一切有可能掉落的物品。

—牢固地关闭各车门。

解除驾驶室的锁紧机构：

—拉锁紧杆"A"时，按箭头方向转动驾驶室翻转杆"C"。

—为了防止驾驶室突然抬起，抓住辅助拉手"D"，同时拉安全锁钩"B"。

—升起驾驶室直到其翻转的最大位置，确定安全锁"E"确实锁止。

要使驾驶室下降时：

—抓住辅助拉手"D"，拉锁止杆"E"以解除锁止状态，然后向后拉支撑杆"G"。

—借助辅助拉手"D",使驾驶室下落,直到安全锁钩
"B"咬合。

—向下转动翻转手柄"C"直到与锁钩"F"咬合。

 注意

⊙操作时请注意安全!小心操作。

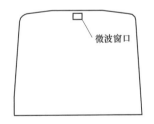

图5-56　车辆备胎位置图

(10)备胎。

1)取下备胎。

—备胎升降器位于车架右纵梁后部。使用随车工具中的备胎架手柄总成或活动扳手,逆时针转动连接杆,备胎和托架下移,落地后,即可取下备胎。

2)安装备胎。

—将托架装在车轮辐板的中心孔中。用手柄顺时针转动备胎升降器的轴,链轮带动链条向上移动,备胎升起。

—当备胎轮辐与支承梁接触后,再继续转动备胎架手柄总成,最后用80±10N.m的力矩拧紧。

(11)车身附件。

1)遮阳板。

—遮阳板在驾驶室前部,可根据需要翻转到任意位置,遮挡正面光线,不用时可翻转至上方贴紧顶棚。

—遮挡侧面光线时,可把遮阳板一端从固定座中拿出,翻转至侧面,不用时再还原为初始状态。

2)微波窗口。

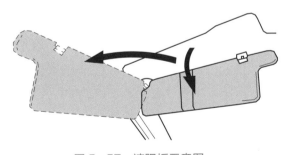

图5-57　遮阳板示意图

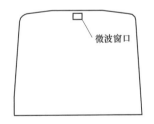

图5-58　微波窗口

微波窗口位于前风窗玻璃上侧靠中间位置

 注意

微波窗口不能被遮挡。

3)阅读灯。

"中间"位置时，如果车门未关严，或车门打开，阅读灯提醒司机注意。

"右侧"位置时，阅读灯会常亮。

"左侧"位置时，阅读灯关闭。

无论点火开关钥匙处于何种位置，
均可操作阅读灯。

图 5-59　车载阅读灯

4）车内后视镜。

行驶前扳动内后视镜调整好角度。以内
后视镜下的圆球为支点扳动内后视镜
可转动到任意需要的角度。

图 5-60　车内后视镜

 警告

驾驶时不要试图调整内后视镜，这样做是非常危险的。

5）车外后视镜。

图 5-61　车外后视镜

—调整好左右车外后视镜及右下视镜，不仅可以看到后边的道路左右两侧，而且可以看到车辆左右两侧及正前下方。这有助于镜子中判断你与后边、正前下方物体的关系。

6）备用电源。

使用备用电源时，请在点火开关处于"ACC"位置的状态下，将插头插入备用电源插座取电。

图 5-62　备用电源

7）杂物箱。

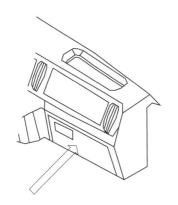

向外拉出杂物箱的上部就会开启。为了避免在行驶中放进杂物箱内的物品向外跳出，应关闭箱盖。

图 5-63　杂物箱

8）外部车灯。

① 前组合灯。

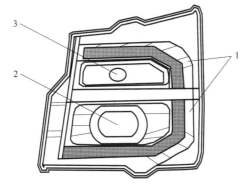

图 5-64　外部车灯

1—昼间行车灯/位置灯；2—远近光一体 LED 灯；3—转向信号灯

—拆下散热器护栅及其上装饰板，即可拧下组合灯固定螺丝。

—为保证在公路上有充分的照明度且防止其他车辆的驾驶员眩目，应妥当地调准前照灯。调整时，最好与车辆售后服务站联系。

—车辆新增昼间行车灯功能，只有当车辆启动且发动机转速不小于 750r/min 时，昼间行车灯点亮；当发动机关闭或者打开近、远光灯时，昼间行车灯关闭。

② 后侧。

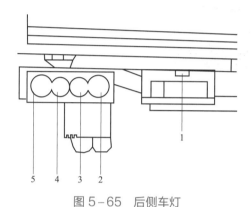

图 5-65　后侧车灯

1—牌照灯；2—后雾灯；3—倒车灯；4—转向信号灯；

5—制动灯、尾灯、回复反射器

③ 后组合尾灯。

取下尾灯后端盖，逆时针方向旋转灯座即可更换灯泡。

图 5-66　后组合尾灯

④ 牌照灯，侧标志灯。

—拧下玻璃固定螺钉，然后卸下玻璃即可更换。

（12）正确驾驶。

1）汽车驾驶注意事项。

—行驶下坡路时，应避免发动机超速运转；为得到用发动机制动的减速效果，应将变速杆换到低档；严禁关闭发动机，因发动机停止运转后，不能及时向储气筒充气，将导致制动力不足，出现意料不到的危险。

——驶向上坡路时，为了避免发动机过载，及时将变速杆换到低档。

——应尽量避免突然加速和紧急制动。

——若在行车中听到不正常的声音、嗅到不正常的气味、指示灯或仪表指示灯不正常时，应立即停车并找出故障原因。

——行车时不得把脚放在离合器踏板上，否则会产生离合器半分离状态，从而造成离合器摩擦面及离合器轴承过早磨损。

——倒车时，必须将车停止后，再换入倒车档。

——在车辆行驶中换挡时，将离合器踏板踩到底，使离合器彻底分离，同时不要用力过猛，要平稳的扳动变速杆，直至该档完全结合。

——下大雨时行车或驶过浅河水洼时，应特别注意行驶，否则会导致制动器受潮而降低制动效能。若进水后应轻点制动，首先要检查制动效能，做到心中有数；其次是使蹄鼓发热，蒸发掉水分。同时应小心不要使水进入空气管道，否则会损害发动机。检查后桥和变速箱是否进水。若发现进入水分时，应加以排出水分并加满规定的齿轮油。

——如果在行车中将起动开关拧到"LOCK"（锁固）位置就会造成极大危险，因为转向盘被锁固而不能控制车辆。

2）冬季运行注意事项。

——机油：应根据环境温度正确地选择机油；在气温低于 −10℃ 时使用，要相应缩短换油周期。

——燃油：气温低于 0℃ 时，应使用冬季燃油。注意检查燃油是否冷凝，排除燃油粗滤器中分离出来的水分。

——冷却液：应根据环境温度选择合适冰点的长效防冻液。

——冬季气温较低时，每天检查油气分离器是否结冰堵死。热车状态下脱掉呼吸器出气口的出气胶管，观察是否冒白烟，如有，表示正常；检查与油气分离器出气口相连接的出气胶管内是否有机油堆积，如有，需要清理干净。

3）经济驾驶。

——加速后，应将变速杆换为高档，缓慢地松开离合器踏板。

——将变速杆换入直接档或超速档后，应尽可能保持一定的车速。

——尽量避免频繁的急加速，以免油耗急剧增加。

——行驶中，冷却液温度应保持在正常范围内。冬季行车前发动机需预热。如果发动机温度过低，会增加油耗，降低发动机使用寿命。预热时间过长也会增加燃油消耗。

⚠ **注意**

⊙避免在空挡下加油，空轰一脚油门会增大燃油消耗量。

⊙轮胎充气不足会使轮胎的滚动阻力增大从而增加消耗，降低轮胎的使用寿命。

⊙选用合适黏度的润滑油，减小发动机摩擦阻力，不但节省油而且会提高车辆的使用寿命。

⊙转弯时减速，不但能降低油耗，还会提高轮胎的使用寿命。

⊙应定期检查前轮定位参数是否正确，前束设置不当会增大油耗，降低轮胎的使用寿命。

4）发动机常规启动。

—启动前的操作。

① 柴油机启动前系统自检。

—打开电源（将钥匙开关至 ON 档），此时故障灯和后处理 OBD 灯会点亮，柴油机进行自检；

—自检完毕后，若发动机共轨系统工作正常则故障灯应熄灭、OBD 灯亮；然后启动柴油机，发动机运行后，后处理工作正常则 OBD 灯熄灭；

—自检完毕后，若电控共轨系统工作异常则故障灯亮，此时应联系服务站对柴油机进行检查。

② 柴油机启动要点。

—新机初次点火时（包括拆装或更换喷油泵、高压油管、喷油器总成等之后首次点火）起动可能会比较困难，需将起动机拖动柴油机的时间尽可能的长些，并需多次起动（注意：每次拖动时间不超过 30 秒，连续两次启动时间间隔至少 2 分钟）。但是，手动输油泵对初次点火成功有非常大的帮助，利用手动输油泵将低压油路空气排除干净，手动输油泵泵油时间越长，空气排得越彻底，更易于柴油机起动成功。

—启动时不需要踩油门踏板，踩油门踏板不会加快启动过程，只会造成燃油浪费，还可能会使柴油机运动件磨损。

—柴油机启动后，应在空载状态（空挡或踩离合）下，怠速（或 1000 转/分钟以下）运转 3～5 分钟，之后逐步增加油门运转。

—油路中有空气，启动困难时，可借助手油泵泵油排气，排气后必须将活塞压杆旋入泵体。

—柴油机在冷态启动后的 3～5 分钟内应在中低负荷及转速内运行，待水温升高后再正常运转。

5）车辆起步和行车要点。

—建议一档起步，严禁三档或以上档位起步。

—加速过程中应缓慢加油门，不宜将油门踩到底。

—在最大扭矩转速下不能长时间全油门工作，否则将缩短发动机寿命。

—电控发动机的车辆在行驶中不允许脱档滑行，脱档滑行会导致动力转向失效（转向力加大）、制动力（真空压力和制动压力）不足，同时脱档滑行还会增大油耗。

—涉水行驶注意事项：当车辆通过积水路面时，注意要减速慢行，避免电控系统因为进水而受到损坏和失效。原则上，ECU离水面高度应该超过200mm，并且在水面接近此高度时，车辆应以小于10km/h的速度行驶。

—跛行功能：当柴油机工作不正常的情况下（如：油门踏板传感器失效、曲轴传感器失效、蓄电池电压过高、发动机水温过高），柴油机进入自动保护策略模式，此时柴油机会以较低的转速和较小的扭矩运行，并点亮故障灯提醒驾驶员。

—驾驶员在确认机油、冷却液没有缺失、柴油机运转时没有异响的情况下，可以放心的将车开往服务站进行检查和维修。

6）汽车行驶。

—在发动机运转正常，各仪表、指示灯、警报灯正常的情况下方可起步。

—起步时先将驻车制动器操纵杆处于释放制动位置。

—汽车行驶中，注意使发动机冷却液温度保持在75～95℃。

—注意观察机油压力指示灯，机油压力指示灯亮时应停机检查，以免烧坏零件。

 注意

⊙在不必要的情况下，尽可能不要急起动、猛加速和紧急制动。

⊙行驶中，勿将脚放在离合器踏板上，换档后脚应立即离开踏板。

⊙严禁不踩离合器换挡。

⊙倒车时必须在车辆完全停稳后才能换入倒档。

7）坡路行驶。

—下长而陡的坡道时可利用发动机来制动，即将变速操纵杆挂到爬同样坡度的档位上。当制动力不足时，可同样使用驻车制动。

—为了减小制动器磨损和发热现象，在下长而陡的坡道之前，应先降低车速并换入低档。

—上坡时，若车速逐渐下降，应及时换入低档。

8）冰雪路面驾驶。

—建议使用防滑链条或雪地用轮胎。

—在行车中绝对不能停止发动机，使制动效能降低。

—应避免高速行车、急速加速、紧急制动和急转弯。

—行车时应同前边的车辆保持充分的距离。

—使用低档，以得到用发动机制动的减速效果，应慎重地使用行车制动系统。

9）车辆停车要点。

—柴油机停机前，应卸去负荷（空挡或踩下离合踏板），怠速运行（3～5）分钟，使增压器运转大幅下降后再停机，对保护柴油机和增压器有利。

—停车时，发动机应先熄火不断电，将钥匙保持在 ON 挡不小于 45 秒，之后再关闭电源，确保 ECU 数据保存。

10）汽车停止。

—汽车停止时，应先放松油门踏板，使车速降低。

—缓慢踩下制动踏板，再将变速操纵杆换到空挡，待汽车停稳后，向后拉起驻车制动操纵杆，使之处于制动状态。

—怠速运转一段时间；关闭电源（将起动开关钥匙转回到 LOCK 位置）。

 注意

⊙柴油机严禁采用"加速—熄火—空挡滑行"的操作方法。

⊙避免在陡坡上停放车辆。若不得已在坡路上停放时，必须用垫木挡住车轮。

⊙车辆行驶后，排气管处于高温状态，故不能在枯草等易燃物附近停放车辆。

⊙车辆停止后，必须让发动机怠速运行一段时间，使增压器自然冷却。否则可能造成增压器过热损坏。

（13）定期维护。

1）出车前检查。

—检查发动机润滑油的油面高度，机油液面应在机油尺的两个标记线之间。

—检查燃油箱中的油量，查看燃油指示灯。

—检查冷却液液面。

—检查驾驶室锁止机构是否锁紧。

—检查各灯光是否正常。

—检查轮胎气压。

2）行驶中检查。

—在安全的场地，以 20km/h 左右的速度行驶，检查制动效果及转向机构工作情况。

3）漏水检查。

—在发动机运转及停车时，散热器、水泵、缸体、缸盖、暖风装置及所有连接部位均不得有明显渗漏现象。

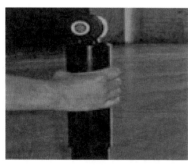

图 5-67 车辆减震器检查

4）漏油检查。

—机动车连续行驶距离不小于 10km，停车 5 分钟后观察，不得有明显渗漏现象。

5）减震器的检查。

—行驶中若发现汽车有不正常的连续抖动，应停车检查减振器是否漏油。

—汽车在坏路上行驶一段路程后（不少于 10km）将车停下，用手摸一下减振器是否发热，若不热，则表示减振器已失效，应及时更换新件。

6）发动机冷却液。

① 冷却液水位检查。

—检查所有冷却系统软管和加热器软管的连接状态，若有凹陷或变形则更换。若蓄水瓶中冷却液液面低于最低刻度线则需补充冷却液。发动机处于冷却状态，在蓄水瓶中补充冷却液到"L"和"H"标记之间。

图 5-68　发动机冷却液

—应补充符合规定的冷却水，使之发挥充分的防冻与抗腐蚀保护功能。如果需要频繁补充，应到车辆售后授权的服务中心检查冷却系统。

② 推荐的发动机冷却液。

—混合冷却水中仅可使用软水（不含矿物质）。

—车辆发动机有铝合金发动机部件，应使用含有乙烯–乙二醇基的冷却水，以免产生腐蚀与冻结的现象。千万不可使用含有酒精或甲醇的冷却水将其与规定冷却水混合使用。

③ 冷却液的添加。

 注意

⊙请勿在发动机停止运转后立即打开注液口盖以免冷却系统内热压气体冲出烫伤。

⊙发动机停止运转10分钟后，用擦布等保护物垫于盖上，先旋动盖子到第一止口，泄压后再旋开注液口盖。

—打开散热器注液口盖，即可添加冷却液。加至上刻线处，盖上注液口盖。

—加注冷却液时，不需要进行冷却系统放气，因为散热器水箱的位置很高，冷却液中的气泡可以通过除气管从加液口自动排除。

—加注后起动发动机并运转至正常温度（散热器下水室至调温室的冷却液管路明显变热），检查冷却液液面高度，此时如果液面下降，则需要补加冷却液。

—正常使用中，若发动机过热或冷却液警报灯亮，则应检查冷却液液面高度，及时补充。

④ 冷却液的排放。

—拧开发动机缸体上的放液开关和散热器底部的放液开关，即可排除冷却液。

—发动机冷却系统每年至少要冲洗一次，以保证其最佳的冷却效果。

—散热器表面应保持清洁。

 注意

⊙若无必要时，请不要取下散热器注液口盖。

⊙冷却液的液位应在发动机降温后检查。

⊙未经鉴定合格的用于增加冷却效果的防蚀剂或添加剂，不得在冷却系统中使用。

⑤ 防冻液。

—要求冷却系统使用长效防冻液。

—防冻液具有防锈、防垢、防冻的功能。

—可根据需要添加。

—选用防冻液时，选用的冰点要比车辆运行地区的最低气温低5℃以上。

—在我国大部分地区选用 F35 即可满足全年使用需要。特殊寒冷地区应选用适合当地气温的防冻液，也可按表自己配制或购买（详见下表）。

冰点（℃）	乙二醇%（V/V）	比重 cm³（20℃）
−30	47.8	1.0627
−35	50	1.0671
−40	54.7	1.0713
−45	57	1.0746
−50	59.9	1.0786

—车辆所用的防冻液不足时，应补充同一牌号、同一冰点的防冻液。

—入冬时应检查一次防冻液的冰点。如浓度不合适，应用水或浓缩液加以调整。

—防冻液更换期限一般为一年。

 注意

⊙装配铝制水箱的整车必须加注防冻液。

⊙防冻液有毒，在使用、保管和配制时不要吸入体内。

 警告

⊙避免冷却液、防冻液与眼睛接触，如不慎接触，应立即用清水冲洗；避免误食；禁止儿童接触。

⊙谨防高温冷却液烫伤。

7）收车后检查。

—储气筒不需要每日放水，但也应隔几日放一次水。

—检查制动系统是否有漏气现象，如果有应及时维修。

—检查轮胎胎面有无划伤、裂纹或异常磨损。

—检查轮胎胎面是否嵌入金属片、石块等杂物，若有应及时清除。

—检查制动液液面高度、如果不够按规定加注。

5.3　驾驶及操作应用

5.3.1　驾驶安全要求与操作规程

（1）车辆工作条件。

序号	名称		单位	数据
1	周围空气温度	最高气温	℃	+55
		最低气温		−35
2	海拔		m	≤2000m
3	车通过积水路面		mm	500
4	空气相对湿度			≤85%（25℃）
5	工作地点			户外

（2）驾驶资格。

电力工程车驾驶员必须遵守法规，司机应持有与电力工程车车型相符的驾驶执照，专用设备操作人员应持有法规规定的相关证书。操作人员必须熟悉控制和显示仪表，按操作规程执行每个操作，在操作过程中，必须时刻注意设备状态，监测多功能电力施工车当前运行状态。

（3）驾驶员须知。

1）驾驶与饮酒。

酒后驾车是交通事故频率高发的原因之一。驾驶能力因血液中酒精含量的升高而大大降低。严禁驾驶操作人员酒后驾驶车辆并进行施工作业，工作负责人要对驾驶人员身体情况和工作状态做好把关。

2）特殊警告。

● 燃油

 燃油的选择

国 Ⅵ 排放的柴油机使用的柴油应满足 GB/T 19147—2016 标准，请加注国 Ⅵ 标准的柴油。

选用柴油的标号与使用环境温度有关。

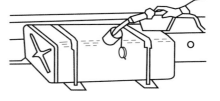

图 5-69　然后加注示意图

环境温度	4℃以上	4℃～-5℃	-5℃～-14℃	-14℃～-29℃	-29℃～-44℃
柴油牌号	0 号 柴油	-10 号 柴油	-20 号 柴油	-35 号 柴油	-50 号 柴油

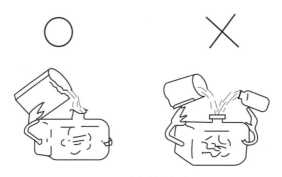

图 5-70　燃油加注对照图

环境温度降低时，柴油中的石蜡析出，将会阻塞燃油路。驾驶操作人员需要根据自己用车所处地区及环境气温，选择合适的燃油牌号，否则，将会造成柴油机启动困难。

 注意

⊙应防止灰尘和水滴等进入燃油箱。

⊙不允许将油箱滤网拿出。

⊙如果柴油品质不满足标准要求，柴油机排放可能会超标，且会对柴油机及其零部件使用寿命产生不良影响。

⊙请到正规加油站加注柴油。因使用劣质柴油造成柴油机故障，将不能享受质量保修权益。

警告

⊙柴油发动机车辆若使用柴油以外的燃油或向柴油内混合汽油或酒精等，有导致火灾及爆炸的危险，应绝对避免。

⊙添加燃油前，必须停止发动机，并禁止吸烟、明火等。

⊙严禁用火烤燃油供给系统（燃油箱、燃油管路、燃油沉淀器、燃油泵等件）。

● 新车检查

接到新车后，首先要对新车进行全面检查，然后再投入使用以确保安全。

—检查各部位的连接紧固情况。

—检查发动机工作时有无异响；检查各附件安装情况及风扇皮带松紧度。

—检查发动机、变速器、驱动桥的油面高度。

—检查润滑点的注油情况。

—检查制动系统、转向系统工作情况。驾驶员须知。

—检查电气设备。

—检查离合器踏板自由行程。

—检查轮胎气压。

—检查后处理排气情况。

—检查举升操纵机构（经典系列）。

—查点随车工具是否齐全。

—定期维护、保养。

● 新车磨合

—磨合期定为：购车后 30～60 日内，行驶 1500～2500 公里。

—磨合要求：

① 磨合期最初 200 公里，必须空车行驶，不得装载。

② 1500 公里内装载量不得超过额定载重的 70%。

③ 1500～2500 公里可以增加到额定载重的 90%。

—新车在最初的 2500 公里内应限制柴油机转速不超过标定转速的 80%，行驶时，请注意转速表以免发动机超速运转。

—磨合期要特别注意发动机冷却液温度和机油压力，必须在规定范围内。

—新车在磨合运转期间，发动机机油耗量较高，应每天检查机油油位。

—变速器每一档的换挡车速应尽量处于低速。

—应避免发动机超速运转、骤然起步和不必要的紧急制动。

 注意

⊙通用磨合要求。

⊙满载起步必须用一档，只有在车辆处于静止状态下才能挂倒档。

⊙避免在高速下换入低档。这样会使发动机超速（发动机转速表指向红区）并损坏发动机。

⊙在每次开车之前必须使发动机以怠速空转，直至达到工作温度为止。

● 磨合结束后应做好如下工作

—磨合期各种润滑油会很快劣化。应在磨合结束后，更换下列机油、滤清器或滤芯：

☆发动机机油和机油滤清器。

☆柴油滤清器。

☆变速器油。

☆驱动桥主减速器油。

☆更换转向油，清理转向油壶内滤网。

 注意

—应定期清洁或更换滤清器及滤芯，若继续使用堵塞或损坏的滤清器及滤芯，会引起功率不足及发动机早期磨损。

—检查驻车制动装置。

—检查排气管紧固螺栓拧紧力矩。

—更换零件时，要选择购买正品且质量有保障的车辆零部件。

● SCR 后处理装置

云内发动机匹配的后处理SCR总成　　　　锡柴发动机匹配的后处理SCR总成

图 5-71　SCR 后处理装置

后处理采用 EGR+DOC+DPF+SCR+ASC 排放控制技术，满足国Ⅵ排放标准。

● SCR 后处理器注意事项

—请加注正规厂家生产的符合 GB29518 或 ISO22241 标准，浓度为 32.5%的尿素溶液，云内发动机匹配尿素箱容积 16L，锡柴发动机匹配尿素箱容积 20L，溶液有腐蚀性，存储及加注时需注意。

—检查尿素喷射是否正常。

—尿素表显示尿素液存量，尿素溶液不足时，请及时补充。添加过程中，不得弄脏或污染尿素溶液。

—尿素消耗比例：100L 油；（5～8）L 尿素。

 注意

⊙使用不合格尿素或在尿素箱内加注其他液体/杂物，将导致亮灯限扭报错，严重的将造成尿素泵内部结晶和磨损、SCR 催化器结晶堵塞。

● 车辆控制

—不要在发动机没有运转的情况下滑行。

—在这种情况下很多系统不起任何作用（如，制动助力器、动力转向装置）。以这种方式驾驶对自己和他人都会构成危险。

—为了确保踏板行程不受阻碍，在踏板区域内绝不能有地垫。

● 行驶时轮胎泄气

—当轮胎泄气时，渐渐降低行车速度，保持直线行驶。将车小心开到交通不繁忙的安全地点。避免在公路的中央分歧点处停车，须将车停在结实平坦的地面。

—将发动机熄火，再打开危险警告闪光灯。

—挂上驻车制动器（拉上手刹车）。

—车辆上的全体人员须全部下车到安全地点。

 注意

不得在轮胎泄气的状态下继续驾驶。否则，即使行驶短的距离，也将导致轮胎损坏到不能修理地步。

- 驾驶时发生故障

—驾驶时发生故障，危险警告闪光灯应打开，将车辆停放在路边安全的区域。在车辆后方应放置一个三角警示牌，以提醒后方车辆不致追撞。

—为了便于在紧急场合使用，须熟悉千斤顶和各种工具的使用方法及它们的保管位置。

- 起步气压

—起步前观察车辆仪表气压指示针，是否达到车辆起步气压值 650kPa，未达到起步气压时，严禁起步。

—行驶过程中，气压值需达到储气筒额定工作气压 750kPa。

图 5-72　气压指示针

- 气制动系统制动响应时间及额定工作气压标识（气压制动）
① 制动响应时间及额定工作气压标识粘贴于左前侧车门框内侧，车门锁扣上方。
② 从踩下制动踏板到最不利的制动气室响应时间 $A \leqslant 0.55s$。
③ 储气筒额定工作气压为 750kPa。

- 储油壶位置及开启方法

图 5-73　气制动装置

图 5-74　储油壶位置图

—在开启储油壶盖前车门为开启状态，并保证车辆在驻车状态下。

—开启储油壶盖时，先双手捏住储油壶盖，然后施加向下的压力，在施加向下压力的同时施加向外的拉力，即可开启储油壶盖。

—当检查完或者添加完离合液需关闭储油壶盖时，需先将储油壶盖下端卡脚插入装配槽，然后用力将储油壶盖的其他卡脚推入装配槽即可。

● 故障诊断接口

—此接口用于车辆与电脑或诊断仪连接。用专用设备可对 ECU 版本升级；用诊断仪可读取发动机故障代码，以便于维修。

—此接口在驾驶室右侧储物盒旁仪表台下方。

 注意

⊙在拔取 ECU 插接件之前，必须先关闭发动机，拆下蓄电池负极线，确保电气系统无电源。

⊙必须拔掉 ECU 与整车端接件插件后，才能在整车上进行焊接工作。

⊙不能将 ECU 放入水中。

⊙避免 ECU 表面积垢（泥浆、灰尘、油污等），否则 ECU 散热能力降低。

5.3.2　驾驶注意事项

（1）行驶前准备。

1）行车时务必将折叠式升降照明灯降下收回，防止因超高造成设备损坏。

2）检查液压支腿是否完全收回。

3）检查车辆尾部叉车提升机构是否固定牢靠，检查工具箱门、卷帘门是否关好、上锁。

4）检查取力器开关（PTO）是否处于断开（平放）状态，避免取力器开关在接通状态下行驶，油压发生装置处于动作状态，可能导致车辆损坏，带来危险。

5）挡风玻璃上如有工作油或油脂附着时，会使雨天的视线变差，须用喷射油膜祛除剂清除油分并及时擦去车窗上油脂。

6）如棉纱、枯叶等可燃物与排气管、发动机等高温部位接触，会引起车辆火灾事故，所以必须清除这些杂物。

（2）行驶时的注意事项。

1）必须保证轮胎气压处在规定气压下行驶，防止因胎压不正常引起行驶稳定性变差或轮胎破裂等现象，更换轮胎时请使用相同规格的轮胎。

2）长距离下坡或雨雪天行驶时，刹车制动距离将会延长，应保持高度集中的注意力，保持充分的车距，注意安全行驶。

3）避免急打方向盘，防止侧翻事故。

4）行驶通过涵洞、限高杆及树枝伸到路面中间道路时，注意通行高度，确认车辆是否可通过，防止因车厢超高造成事故。

（3）作业位置上车辆的停放方法。

1）要设置绕道标识，采取防止与行人及来往车辆发生碰撞等措施。

2）使用随车的车轮制动模块或相同物，要与轮胎紧密接触。

3）轮胎制动模块要放在左右后轮的前后侧。

4）车辆长时间不用时，关闭整车电源开关，延长车辆蓄电池的使用寿命。

5）如果车厢破损，严禁用焊接或其他高温火焰加热方法进行修复。

6）汽车行驶时，严禁急拐弯及高速行驶急刹车。

7）停驶时，宜放在车库内以防阳光直射和风吹雨淋。

8）车辆长期放置时，最好放在车库内或能够挡阳、遮风、避雨的地方。

9）长期贮存的汽车必须将蓄电池的搭铁线及正极线拆下，并做好绝缘防护，防止电池放电。

（4）车辆作业时停放的注意事项。

1）车辆在非硬质路面上作业及长时间停放时，必须将支腿撑起，同时在支腿正下方放置支腿垫块，并确认支腿在垫块中心。

2）支腿垫块及支腿绝对不要在排水沟上设置，避免引起车辆倾翻。

3）支腿垫块必须放在支腿的正中心。

4）支腿设置过程中，不得在超过 5 度的地面或斜坡上进行操作。

5）不要与相邻的杆、结构或其他设备系结。不要使用此装置来拉索或拉线。

6）除工作人员外，禁止其他任何人员和过往车辆进入施工现场。

7）操作前必须考虑到在斜坡上轮胎对车辆稳定性和地面摩擦力的影响，车辆在积雪路面停放时，必须先清除积雪，确认路面状况，采取防滑措施后再停放。

5.3.3　车辆装置操作

（1）导轨式汽油发电机使用说明及注意事项。

1）操作步骤。

第一步：左右手分别向上拨动重型导轨前端锁定机构，将导轨完全拉出并且听到"喀嗒"声响，此时表示导轨底座到位，汽油发电机使用时需要将设备整体抽出车厢外部，若工程中选用大功率发电机时，运行时需要使用支撑杆进行辅助支撑，选用 8kW 及以下功率发电机时则不配置该支撑杆，支撑杆撑起如下图所示：

图 5-75　导轨式汽油发电机

图 5-76　支撑杆安装图

第二步：检查机油油位、汽油油位，打开油箱下部进油开关。

第三步：检查整车是否良好接地。

第四步：按动电启动按钮，观察电压表、电流表示数（位于启动面板上）。

第五步：请勿长时间空载运行。

2）注意事项。

① 注意在加油时，务必将发电机关闭。

② 切勿在加油时抽烟或在有火焰的附近进行加油。

③ 注意在加油时切勿使燃油溢出及洒漏在发动机及消音器上。

④ 若误喝汽油，吸入燃油废气或使其进入眼睛，务请立即求医救。

⑤ 切勿在雨中及雪天下使用本发电机。

⑥ 切勿湿手触摸本机，会有触电危险。

⑦ 务必连接好通地的地线，地线选用 4mm 以上导线。

⑧ 取下燃油箱盖（逆时针旋转），加注燃油，并随时观察油箱上的油位计。加油时不要把加油口的燃油过滤网取出。（加油时，应停止发动机，小心周围的烟火）。

⑨ 发动机运转或尚未冷却之间，禁止往燃油箱里加注燃油，加注燃油之前，必须关闭燃油油路开关。

（2）云台灯使用说明及注意事项。

升降照明灯采用 24V 直流电工作，升降照明灯功率 2×100。可为夜间施工抢修提供应急照明。

图 5-77　云台灯

降照明灯具有线控，遥控两种操作模式，两个灯头可单独开关。具有一键升起，一键复位功能。

在作业完成后确保将升降照明灯复位，避免在行驶过程中触碰限高等物体造成不必要的财物损失。

使用升降照明灯时，需将钥匙拧至 ACC 档（建议启动车辆使用，防止蓄电池亏电），使用安装在车厢内的线控遥控器进行操作。

1）云台灯介绍。

① 倒伏式车载照明系列产品是一种具备 0～90°倒伏升降功能的简约型照明设备，

整机具有体积小、重量轻等特点。倒伏式车载照明灯具可进行垂直 360°、水平 360° 的全方位调节搜索功能，而且照明功率可以根据使用环境的需要进行自由选择。

② 照明设备进行了热启动设计，在关闭照明设备或者突然断电重启的情况下无需进行灯具的冷却启动等待。

③ 设备可预留摄像装置的安装支架，客户可根据需要进行摄像装置的加载使用，摄像装置同样具备垂直 180°、水平 365° 旋转的灵活性。系统配置线控和无线遥控两种控制方式，且配备一键启动，一键复位功能，使得操作更加灵活便捷。

④ 照明灯具配备聚光、泛光、聚泛光三种照射形式，可供驾驶员根据现场情况自由选用。

⑤ 云台控制线束为内置式。

2）技术参数。

产品型号	电压 V	灯具	电流 A	发光形式	光源类型	功率 W	光通量 LM	水平°	垂直°	高度 M	重量 KG
1m～5m	12 24 220	12 或 24	9			倒伏平台				1m	25
			14			升降平台				3.5	35
1.2m			20	聚光或泛光选择	LED	2×150	25000	360	360	1.2	38
						2×250	50000				
1.8m			11.5			2×70	12000			1.8	40
			13.5			2×100	17000				
			20			2×150	25000				
			30			2×250	40000				
			25			4×150	48000				
1.2m	220	220	3	聚光或泛光选择	金卤灯	2×250	40000			1.2	42
			5			2×400	75000				
			8			2×600	98000				
1.8m			5			2×400	75000			1.8	45
			8			2×600	98000				
2.5m			5			2×400	75000			2.5	48
			8			2×600	98000				
3.5m			8			2×600	98000			3.5	58
			16			4×600	196000				
4.5m	220	220	9		卤素灯	2×500	20000			3.5	55
			9			2×1000	40000			4.5	
			18			4×1000	80000				
6.5m 7.5m			16		LED	4×600	196000			6.5	110
						4×1000	320000			7.5	120

3）设备尺寸简图、控制器图

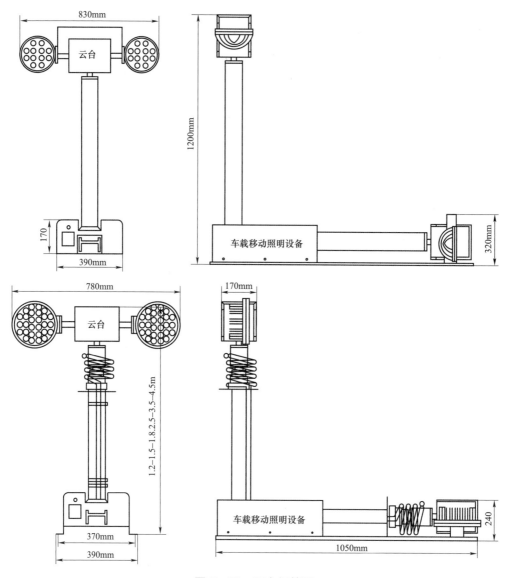

图 5-78　云台灯简图

4）有线控制器使用方法。

➢ 云台方向：

通过云台组合按键：上、下、左、右、分别操作四个方向对照明系统进行水平和垂直方向的旋转；水平旋转角度为"360°"，垂直旋转角度为"360°"。

➢ 灯杆控制：

①"升"和"降"控制按键的使用：

使用系统时，按"升"键可使灯杆从 0°到 90°立起，云台全方向可自由旋转，待升降杆立起到 90°后，照明灯具镜面方向朝前方（此时方可操作云台旋转）。

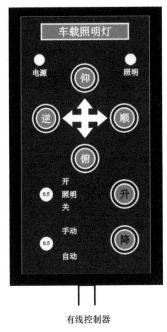
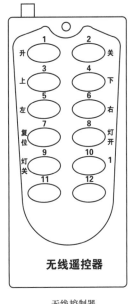

图 5-79　遥控装置简图

升降杆从 0°立起到 90°后,按下"升"键后升降杆匀速向上升起,升到位后垂直系统底盘自动停止上升。

② 按"降"键云台在任意方向位置此时会复位到初始状态,升降杆做下降动作,倒伏到位即初始位置后自动停止、此时;云台、灯具、摄像、断开电源停止工作。

③ 系统最大工作高度为 1.8m,照明灯水平旋转半径为 0.43m,在此范围内须确保无任何障碍物影响系统正常工作。

➤ 照明控制:

① "照明"开关:开关向上"照明"开启,照明灯点亮,开关向下后照明灯关闭。

② "手动、自动"开关:

开关向上开启:此时可通过线控器或遥控器操作设备。

开关向下开启:此时系统会自动复位到初始位置。

 注意

自动开启后:设备会一直处于初始状态,此时线控器、遥控器都无法控制设备动作;需要操作设备时(开关需在手动位置即可使用控制器完成动作控制)。

5)无线遥控器使用方法。

➤ 云台方向:

通过云台组合按键:上、下、左、右、分别操作四个方向对照明系统进行水平和垂直方向的旋转;水平旋转角度为"360°",垂直旋转角度为"360°"。

➤ 灯杆控制:

① "上升"和"下降"控制按键的使用:

使用系统时，按"上升"键可使灯杆从 0°到 90°立起，云台全方向可自由旋转，待升降杆立起到 90°后，照明灯具镜面方向朝前方（此时方可操作云台旋转）。

升降杆从 0°立起到 90°后，按下"上升"键后升降杆匀速向上升起，升到位后垂直系统底盘自动停止上升。

② 按"下降"键云台在任意方向位置此时会复位到初始状态，升降杆做下降动作，倒伏到位即初始位置后自动停止、此时；云台、灯具、摄像、断开电源停止工作。

③ 系统最大工作高度为 1.8m，照明灯水平旋转半径为 0.43m，在此范围内须确保无任何障碍物影响系统正常工作。

④ "部署"按键：按下后灯杆立起、上升、云台巡航、一键升起功能。

⑤ "复位"按键：按下后云台自动复位、灯杆归位初始状态、一键复位功能。

⑥ "灯控1、灯控2"按下按键开启一组照明灯、再按一下关闭一组照明灯。

⑦ "快速、慢速"按键：控制云台快速旋转和慢速旋转，按一下后执行。

系统工作时请不要移动承载车辆，移动车辆前必须确定系统已完全在初始位置。

6）系统安装。

 警告

① 系统在安装过程中，为了安装人员的安全，须确保系统一直处于断电状态。

② 在系统安装操作及调试运行过程中，须确保系统上方 10m 内无高压电线及其他障碍物或不利因素，否则会导致系统损坏或人员受伤。

③ 在安装前，先确定安装环境的安全性，如果系统离高压电线较近则会伤害到自己或其他人员。

④ 系统的安装调整及维护必须由经过专门培训的人员来操作，电气系统的安装应由取得用电资格证书的人员来安装。

把系统放在平坦的地方，根据安装需要占用面积的大小，调整脚架之间的宽度，并用螺钉将脚架和系统底盘连接起来，每一只脚架需要用 4 只 M8×16 栓连接。

安装位置确定后，将系统平稳地放置在安装平面上，并通过拉钩将系统和安装平台连接，通过调节拉钩螺栓的松紧，使系统和安装平台紧固地连接在一起。将系统的电源线沿着安装平台较隐蔽的路线和安装平台的电源连接。

红色电源线连接电源的正极，黑色电源线连接电源的负极。

本系统所用电源为 DC12V 和 DC24V 两种规格、订货时根据系统电压选择。

如需要使用 AC110V220V，请在本系统电源输入端安装一台与本系统电压相符的稳压电源，2×70W 订应配用功率大于 D12V20A 或 DC24V10A 的稳压器，2×150W 灯应配用功率大于 DC12V23A、DC24V20A 的稳压器。

如使用 AC110V220V，请不要触摸电线输入端，否则会造成伤亡。

接线图：

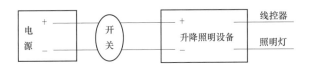

图 5-80 照明灯线路连接图

安装升降照明灯时请在电源线加装电源开关，确保对设备有电源切断保护功能；同时可防止汽车电池长时间通电状态，导致电池电量亏损，无法启动汽车带来不便。

注：总控制电源开关是升降自动控制系统电源的总开关，在作业完毕之后，确定系统已完全复位，将其关闭，控制系统断电后，确保汽车行驶时的安全。

7）安装前准备工作。

 警告

① 只有经过用电培训的人员才可安装、使用和维护本系统。

② 小心打开包装并取出所有物件！

③ 检查是否有运输损坏！

④ 如有损坏请及时通知运输者！

⑤ 对照装箱单检查所有物品！

⑥ 如有配件、物品缺失，请及时联系销售商！

8）系统维护操作。

① 只有经过专业培训的人员才能安装、调试、维护和操作本系统。

② 在实施维护前，认真阅读前述的操作说明，在操作过程中一定要遵从警告。

③ 仅供室外使用，不要在国家规定的危险场所使用。

④ 系统没有彻底断电前，不能直接安装或维护系统，否则有可能造成电击或燃烧。

⑤ 光源及其设备的工作温度极高，如果不按警告提示操作，可能会造成严重伤害。

⑥ 更换灯泡前，请确定所有电源已关闭，并且灯泡是冷却的，如不按警告提示操作，会造成电击或烧伤。

⑦ 维修或长期停用时应断开系统电线的所有电源（电源总开关关闭）。

⑧ 在顶部上方有电线或其他通电线束的区域不要升起升降杆。

⑨ 系统通电后允许开启照明灯。

➤ 提示：升降杆的连接处应每年检查一次。

升降杆必须每年清洁一次，并擦拭润滑油以保持操作的平滑和延长使用寿命。这种维护的周期应依使用频率而定。

➤ 需要清洁和润滑的情况如下：

产品表面有一层明显的灰尘薄膜；

升降杆不平稳的上升和卧倒操作时升降杆有声响。

● 更换卤化物灯泡：

① 关闭系统所有电源。

② 打开照明灯盖安装灯泡。

③ 操作时请戴上手套以免印脏灯泡，灯泡上的手纹可使灯泡变色，致使光通输出量减少，温度变高或可能损坏灯泡。

④ 拆下灯管固定螺丝拔出灯管、更换新灯管。

⑤ 换好灯管后盖上灯盖。

9）故障分析解决方案。

警告：只有经过培训的专业人员才能安装、调试、维修和使用本系统。

故障现象	解决方案
照明灯、控制系统都不能工作	输入电压异常、正负极是否反接
遥控去近距离控制正常，远距离不能控制	无线遥控操作距离太远 遥控器电池电压太低，换上新的电池
升降杆不能举起灯杆不能工作（0°～90°）	升降杆限位开关失调或接触不良，请与售后服务人员联系
灯杆（90°～0°）位置移动	限位开关有失调或接触不良，请与售后服务人员联系
降杆不能卧倒	限位开关早关或晚闭
灯杆不能完全直立 升降杆发生倾斜 灯杆不能卧到位	限位开关失调或早关，请与售后服务人员联系
照明灯无电源供电，灯电源保险烧掉、路松动、将照明灯与电源接通、线路接好。两只灯都不能点亮	灯控电器损坏，或线路松动。更换继电器检查线路松动部位重新接好线路，如仍有问题，请与售后服务人员联系
一只亮，一只灭照明灯不亮	检测电压，重新启动
云台不能旋转	灯杆为立起90° 云台限位失调，请联系售后 云台电机损坏，请联系售后
云台不复位	检查升降杆是否下降到位、磁控开关是否闭合
摄像机变焦不工作	检查RS485信号线，波特率，地址码
显示屏无画面	检查摄像机信号线，波特率，地址码
信息显示屏不工作	检查电源线，正负极
显示屏文字调整	进入App设定
警示灯扬声器不响	声膜片损坏，请与售后联系
升降杆不上升下降	检查空压机，放气阀
设备人为损坏、碰撞	请与售后联系

10）云台灯接线图。

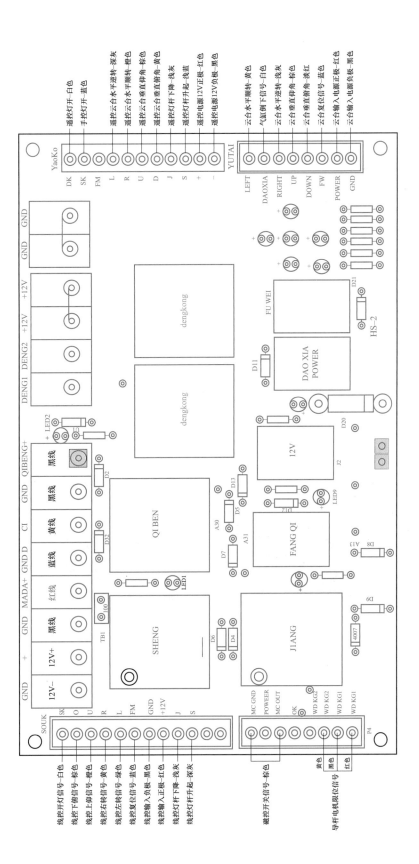

图5-81 云台灯线路图

（3）取力器取力。

车辆停稳后，变速杆置于空挡，拉紧手刹。踩下离合器踏板，拉起取力器控制手柄，然后慢慢松开离合器踏板，使油泵运转。当油泵运转后，检查转动时有无异常声响，确定运转正常后，即可作业。

图 5-82 取力器手柄（驾驶室座椅侧部）关闭、打开状态图

（4）支腿控制。

车厢后边安装有双液压支腿，可增加整车作业稳定性，保证施工安全。

1）使用方法。

通过阀组支腿控制手柄"收"或"放"状态，实现对支腿进行收、放的操作。

请注意，液压支腿为辅助支撑，严禁代替千斤顶用于更换轮胎作业。严禁使用时将轮胎完全顶起。严禁将支腿支撑于无承载能力的地面，比如井盖等。

2）注意事项。

移动车辆时，需要确认支腿处于收起状态。

（5）双线缆卷盘使用说明。

图 5-83 液压支腿   图 5-84 双线缆卷盘

双线缆卷盘机构采用双液压马达，双回路设计，既可以单独工作又可以协同工作。单个卷盘可提供 3500N 拉力，可作为新旧线回收卷盘，也可作为部分线路紧线工具使用，使用方法如下。

1）通过阀组控制手柄对线缆卷盘进行收线、放线的操作。

2）控制阀组卷盘"收"或"放"状态，控制收放线缆液压马达正反转，正转则放缆，反转则收缆。

3）线缆收集完毕后，可将卷盘外部挡板拆除，通过卷盘倾斜钢板间的缝隙进行线缆的捆扎，方便整体从卷盘上拆除。

（6）叉车门架提升装置使用说明及注意事项。

通过液压阀组实现对叉车门架机构的控制，重物提升高度可达 3600mm，可提升 1350kg 重物。

1）使用方法。

① 通过阀组控制手柄对叉车门架提升装置进行门架的升、降、倾斜、回正的操作。

② 控制阀组提升油缸手柄"升"或"降"状态，控制提升油缸的伸缩，伸出则升高，收缩则降低。

③ 控制阀组倾斜油缸手柄"倾斜"或"回正"状态，控制提升油缸的伸缩，伸出则倾斜，收缩则回正。

2）注意事项。

① 操作时需用捆绑带将变压器固定好，防止变压器坠落。

② 尾部禁止站人，避免造成人员伤亡。

（7）液压绞盘使用说明及注意事项。

图 5-85　门架提升装置图

图 5-86　液压绞盘

本液压绞盘，可提供 2T 拉力，可用于野外自救及救援。

1）使用方法。

通过阀组液压绞盘手柄对液压绞盘进行收线、放线的操作。控制阀组液压绞盘"收"或"放"状态，控制收放线缆液压马达正反转，正转则放线，反转则收线。

2）注意事项。

使用前应检查钢丝绳有无损伤，锈蚀，如有损伤，请及时更换。

（8）阀组及快插接口使用说明。

图 5-87　阀组及快插接口图

六路手动液压阀及二位六通换向阀相互配合以满足使用需求（见液压原理回路图），同时具备液压快插接口：

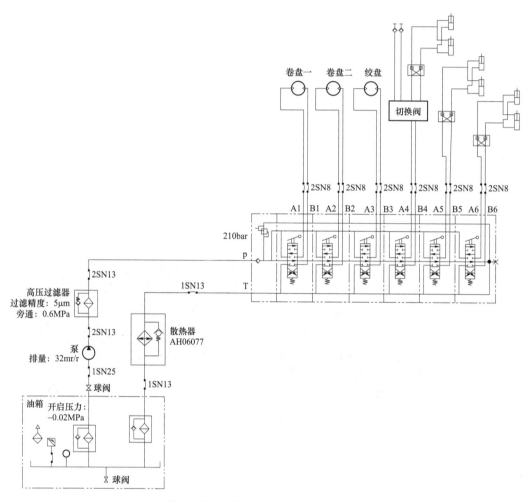

图 5-88　整车液压系统原理示意图

5.3.4　施工作业

（1）变压器举升。

1）驾驶员驾驶架空一体化作业车达到指定位置停稳后，将变速杆置于空挡，拉紧手刹。

2）操作人员待车辆停稳后拆下叉齿固定装置，将叉齿翻转 180°，令其处于工作状态。

3）驾驶员踩下离合器踏板，拉起取力器控制手柄，然后慢慢松开离合器踏板，使油泵运转。

4）当油泵运转后，检查转动时有无异常声响，确定运转正常后，即可作业。将叉车下降至地面，向后移动车辆使得汽车后部的重物置于叉体上方，重物尺寸较大时需要使用延长叉齿套。

5）使用尼龙捆扎带对重物进行上下位置的固定，确保捆扎牢靠。

6）举升变压器前先将液压支腿伸出，车辆在非硬质路面上作业及长时间停放时，必须将支腿撑起，同时在支腿正下方放置支腿垫块，并确认支腿在垫块中心。待支腿支撑稳定后，使用门架倾斜油缸收回操作，使用叉齿将重物翘起脱离地面。

7）操作提升油缸控制手柄使其处于工作位置一，内门架机构提升带动链条提升，链条带动叉体总成及上面的重物提升，提升至叉体底部高于重物支座 30～50cm。

8）收起支腿，向后移动车辆，使车辆正对变压器安装位置，使用操作提升油缸控制手柄使变压器继续提升超过变压器安装台架高度 10cm 左右。

9）缓慢向后移动底盘或使用倾斜油缸外倾操作，将门架向外部倾斜，让变压器位于台架上部空间。

10）叉体下降，将重物放置于变压器台架上。

11）向前移动车辆，然后操作提升油缸控制手柄使其处于工作位置一，内门架归位，叉体归位。

（2）电缆收放线操作。

1）注意事项。

① 驾驶员驾驶架空一体化作业车达到指定位置停稳，将变速杆置于空挡，拉紧手刹。

② 踩下离合器踏板，拉起取力器控制手柄，然后慢慢松开离合器踏板，使油泵运转。

③ 当油泵运转后，检查转动时有无异常声响，确定运转正常。

④ 分别操控双线缆卷盘一、二控制手柄，令双线缆卷盘进行正反转动作，确定转动无异常后，即可进行收放线作业。

2）收线操作。

① 将线缆牵引绳端卡入线缆卷盘卡槽内，操作卷盘控制手柄使其处于收线状态，完成收线作业。

② 线缆收集完毕后，通过卷盘倾斜钢板间的缝隙进行线缆的捆扎，再将卷盘外部挡板拆除，方便整体从卷盘上拆除。

3）放线操作。

① 在双线缆卷盘未工作状态下，取下卷盘外部挡板拆除，将成盘线缆放置于卷盘上，扣紧卷盘外部挡板，拉出线缆牵引端。

② 启动双线缆牵引装置，操作卷盘控制手柄使其处于放线状态，进行放线作业。

（3）照明灯升降使用。

使用升降照明灯时，需将钥匙拧至 ACC 档。

1）按键操作。

通过云台组合按键：上、下、左、右、分别操作四个方向对照明系统进行水平和垂直方向的旋转；水平旋转角度为"360°"，垂直旋转角度为"360°"。

2）灯杆控制。

① 使用系统时，按"升"键可使灯杆从 0°到 90°立起，云台全方向可自由旋转，待升降杆立起到 90°后，照明灯具镜面方向朝前方。

② 升降杆从 0°立起到 90°后，按下"升"键后升降杆匀速向上升起，升到位后垂直系统底盘自动停止上升。

③ 按"降"键后云台灯会在任意位置直接恢复至初始位置，倒伏到位即初始位置后自动停止。此时；云台、灯具、摄像、断开电源停止工作。

3）照明控制。

① 开关向上"照明"开启，照明灯点亮，开关向下后照明灯关闭。

②"手动、自动"开关向上开启，可通过线控器或遥控器操作设备。

③ 开关向下开启，系统会自动复位到初始位置。

注意事项：作业完成后需确保将升降照明灯复位，避免在行驶过程中触碰限高等物体造成不必要的财物损失。

（4）磁力钻的使用。

1）架空一体化作业车到达指定位置停稳后，将磁力钻机从车厢内取出，放置于牢固且厚度足够大的平整钢铁构件上，以保证电磁铁具有足够大的吸力，否则磁力钻机吸附不牢，无法进行正常操作。

2）磁力钻机操作者在使用前应穿戴绝缘手套，胶底鞋，做好安全防护工作；若需要在高空场景进行作业，则必须系好安全保护带，防止断电和其他原因使电磁铁失去磁性，造成事故。

3）根据作业要求为磁力钻机加装合适大小的钻头，并按照说明书要求安装冷却壶和冷却管，安装完成后，在冷却壶内加入适量的冷却液，若没有专用冷却液，可用自来水代替。

4）在户外使用磁力钻机时，可从车辆导轨式汽油发电机中取电，在导轨式汽油发电机运行前操作人员务必做好接地工作，保证作业安全。

5）在接通电源前，应确保磁力钻和磁吸座开关处于断开位置，防止磁力钻机得电后突然开始转动或产生较大吸力造成操作人员意外伤害。

6）接通磁力钻机电源后，开启磁吸座开关，确保磁吸座吸附力足够强，若出现晃动或吸附不牢的情况，应对磁力钻机进行检查或更换磁性更强的钢铁构件，若仍未能消除吸附不牢的现象，应立即停止后续作业并更换新的磁力钻机。

7）在钻孔作业开始前，应预先调整好钻头与工件相对位置，可调整支撑螺杆使钻头触及并顶上加工工件的表面；调整冷却管出水口方向，保证水流能够浇灌到钻孔位置。

8）开始时钻头进给要缓慢，如钻机因故突然刹停，必须立即关闭电源开关。

9）使用过程中注意磁吸座的温度升高速度，连续通电时间不能太长，使用 2～3h 后需关闭一段时间。

（5）液压铜排铝排曲板工具应用。

1）液压铜排铝排曲板工具使用导轨式汽油发电机取电，使用前务必将接地线装置进行接地操作。

2）首先把本机雄接头与主机泵浦油管接头栓紧；

3）将需要弯曲的铜排或铝排放入上压模与下压模的中心点位置；

4）启动泵浦将被压件压到所需的角度标准 90°或 45°；

5）工作完成松开泵浦回油开关即可。

（6）拉线制作模块制作。

1）拉线制作模块使用导轨式汽油发电机取电，使用前务必将接地线装置进行接地操作。

2）将钢绞线一端套在楔形线夹内，钢绞线另一端穿过弯线管，并留出足够长度，确保能正常使用，可通过拉线模块上的量线板对线长进行定位；使用控制器或者遥控器进行拉线操作。

3）遥控器具有四个按键可对拉线制作模块进行控制，控制按钮由上至下：

①"向上的三角形"按键控制弯线管复位；

②"方形"按键控制弯线管伸出；

③"向下的三角形"按键压线推杆复位；

④"圆形"按键压线推杆推出。

4）按下弯线推杆伸出按钮，弯线轴将钢绞线折弯，随后将钢绞线折弯端也放入楔形线夹内；

5）将楔形线夹放在压线台上，楔形线夹出线端与挡线板贴合（作业过程中，可通过调整压线台位置来适应不同型号的楔形线夹，然后通过螺栓将压线台固定在拉线装置底板上），按下压线推杆伸出按钮，将钢绞线压入楔形线夹内，完成拉线端子制作。

➢ 拉线模块使用注意事项：

本产品驱动方式为 24V 直流电驱动，可直接从车辆底盘取电，或使用本产品配备的 24V 直流电源。切勿在使用过程中出现以下情况，否则将严重影响拉线制作模块使用寿命：

1）推杆直接接交流电使用；

2）在高出标准电压的环境下工作；

3）推拉超过本产品技术参数标明的最大值；

4）行程没有走完，仍在通电情况下，强制让其停止；

5）高频率工作；

6）高温工作；

7）在强磁强震动工作环境下工作；

8）本产品适用直径 7mm 以下的钢绞线；

9）若在使用过程中出现脱齿现象，需重新拆卸安装并校对齿轮齿条相对位置。

（7）液压绞盘。

液压绞盘可提供 2T 拉力，可用于重物托运、车辆托运、野外自救及救援等方面。使用时，需将取力器装置开启，为液压绞盘提供动力。

通过阀组液压绞盘手柄对液压绞盘进行收线、放线的操作。控制阀组液压绞盘"收"或"放"状态，控制收放线缆液压马达正反转，正转则放线，反转则收线。

1）操作液压绞盘控制手柄使其处于工作位置，液压绞盘执行放线动作。

2）操作液压绞盘控制手柄使其处于（收）状态，液压绞盘执行拉线动作。

5.4 维护保养与故障排除

5.4.1 设备维护保养

（1）定期保养。

定期保养对保持汽车的良好状态，减少汽车故障是非常重要的。建议到车辆售后服务站进行全面、系统的定期维护保养（参照执行 GB/T 18344《汽车维护、检测、诊断技术规范》的相关检测、维护作业项目），尤其转向、制动等安全件必须进行定期维护保养该保养周期均定义为车辆行驶为正常工况，如行驶条件为恶劣，请适当缩小保养周期，或咨询车辆售后服务站，后续页码中出现的保养周期同样定义，为方便阅读故省略说明。

下表给出部分简便易行的维护保养项目：

符号：I＝检查、清理及修正或必要时更换；　　　A＝调整；

　　　R＝更换；　　　　　　　　　　　　　　　　T＝按规定扭矩紧固；

　　　D＝检查滤清器和排水；　　　　　　　　　　L＝润滑；

　　　E＝检查并调整发动机冷却液混合比。

　　　不需保养时请填"—"

发动机及排放控制系统保养

里程数或月数	保养间隔（先到达者为准）																				
里程km×1000	2.5	5	10	15	20	25	30	35	40	45	50	55	60	65	70	75	80	85	90	95	100
月数	2	3	6	9	12	15	18	21	24	27	30	33	36	39	42	45	48	51	54	57	60
燃油滤清器粗滤	—	—	—	—	R	—	—	—	R	—	—	—	R	—	—	—	R	—	—	—	R
燃油滤清器细滤	—	—	—	—	R	—	—	—	R	—	—	—	R	—	—	—	R	—	—	—	R
燃油胶管	—	—	I	—	R	—	I	—	R	—	I	—	R	—	I	—	R	—	I	—	R
空气滤清器	—	—	I	I	I	I	I	I	I	I	I	—	I	I	I	I	R	I	I	I	I
发动机冷却液	—	—	—	—	—	—	—	—	—	—	—	—	R	—	—	—	—	—	—	—	—
中冷器外部清洁	—	I	I	I	I	I	I	I	I	I	I	I	I	I	I	I	I	I	I	I	I
冷却液液位	每 1000km 检查一次																				

注：当水位报警器报警时，应对燃油粗滤器进行排水底盘和车身保养。

里程数或月数	保养间隔（先到达者为准）																				
里程km×1000	2.5	5	10	15	20	25	30	35	40	45	50	55	60	65	70	75	80	85	90	95	100
月数	2	3	6	9	12	15	18	21	24	27	30	33	36	39	42	45	48	51	54	57	60
燃油箱内清洁	—	—	I	—	I	—	I	—	I	—	I	—	I	—	I	—	I	—	I	—	I
离合器踏板行程及空行程	—	I	I	I	I	I	I	I	I	I	I	I	I	I	I	I	I	I	I	I	I
变速器润滑油	R	—	I	—	—	R	—	—	—	—	I	—	—	—	—	R	—	—	—	—	I
变速机构松动情况	—	—	—	—	I	—	—	—	I	—	—	—	I	—	—	—	I	—	—	—	I
变速操纵软轴	—	—	—	—	I	—	—	—	I	—	—	—	I	—	—	—	I	—	—	—	I
传动轴万向节及滑动套★	L	—	L	—	L	—	L	—	L	—	L	—	L	—	L	—	L	—	L	—	L
传动轴中间轴承★	L	—	L	—	L	—	L	—	L	—	L	—	L	—	L	—	L	—	L	—	L
后桥润滑油	R	—	L	—	L	—	R	—	L	—	L	—	R	—	L	—	L	—	R	—	L
驱动桥和传动轴	—	—	I	—	I	—	I	—	I	—	I	—	I	—	I	—	I	—	I	—	I
转向器油	—	—	—	—	—	—	—	—	R	—	—	—	—	—	—	—	R	—	—	—	—
前轴转向主销及拉杆球头	—	—	I	—	I	—	I	—	I	—	I	—	—	—	I	—	I	—	I	—	I
转向机构间隙检查	—	—	—	—	I	—	—	—	I	—	—	—	I	—	—	—	I	—	—	—	I

续表

里程数或月数 里程 km×1000	2.5	5	10	15	20	25	30	35	40	45	50	55	60	65	70	75	80	85	90	95	100
月数	2	3	6	9	12	15	18	21	24	27	30	33	36	39	42	45	48	51	54	57	60
动力转向液及其管路（检查液面高度和泄漏）	I	—	I	—	I	—	I	—	I	—	I	—	I	—	I	—	I	—	I	—	I
方向盘间隙检查	I	—	I	—	I	—	I	—	I	—	I	—	I	—	I	—	I	—	I	—	I
转向系统的松动和损坏	R	—	L	—	L	—	R	—	L	—	L	—	R	—	L	—	L	—	R	—	L
制动液	—	—	I	—	I	—	I	—	I	—	I	—	I	—	I	—	I	—	I	—	I
制动系统的制动液泄漏	—	—	I	—	I	—	I	—	I	—	I	—	I	—	I	—	I	—	I	—	I
行车制动摩擦衬片和制动鼓的磨损	—	I	I	I	I	I	I	I	I	I	I	I	I	I	I	I	I	I	I	I	I
制动踏板行程和自由行程	I	I	I	I	I	I	I	I	I	I	I	I	I	I	I	I	I	I	I	I	I
制动管路松动及损伤	—	—	I	—	I	—	I	—	I	—	I	—	I	—	I	—	I	—	I	—	I
排气制动阀真空软管	—	—	—	—	—	—	—	—	—	—	R	—	—	—	—	—	—	—	—	—	R
驻车制动拉线	—	—	I	—	I	—	I	—	I	—	I	—	I	—	I	—	I	—	I	—	I
驻车制动器功能	—	—	I	—	I	—	I	—	I	—	I	—	I	—	I	—	I	—	I	—	I
驻车制动行程	—	—	I	—	I	—	I	—	I	—	I	—	I	—	I	—	I	—	I	—	I
钢板弹簧的损坏	I	I	I	I	I	I	I	I	I	I	I	I	I	I	I	I	I	I	I	I	I
钢板弹簧U型螺栓的紧固	T	T	I	I	I	I	I	I	I	I	I	I	I	I	I	I	I	I	I	I	I
钢板弹簧销润滑	—	—	L	—	—	—	L	—	—	—	L	—	—	—	L	—	—	—	L	—	—
弹簧销轴的磨损	—	—	—	I	—	—	—	I	—	—	—	I	—	—	—	I	—	—	—	—	I
减振器安装状况	—	I	—	I	—	I	—	I	—	I	—	I	—	I	—	I	—	I	—	I	—
减振器性能状况	I	I	I	I	I	I	I	I	I	I	I	I	I	I	I	I	I	I	I	I	I
减振软垫	I	I	I	I	I	I	I	I	I	I	I	I	I	I	I	I	I	I	I	I	I
车轮损坏	I	I	I	I	I	I	I	I	I	I	I	I	I	I	I	I	I	I	I	I	I
车轮螺母	T	—	—	T	—	—	T	—	—	T	—	—	T	—	—	T	—	—	T	—	—
轮辋	I	I	I	I	I	I	I	I	I	I	I	I	I	I	I	I	I	I	I	I	I
轮毂轴承	—	—	—	—	—	—	—	—	L	—	—	—	—	—	—	—	L	—	—	—	—

（表头"保养间隔（先到达者为准）"横跨里程 km×1000 各列）

续表

里程数或月数	保养间隔（先到达者为准）																				
	里程 km×1000	2.5	5	10	15	20	25	30	35	40	45	50	55	60	65	70	75	80	85	90	95	100
	月数	2	3	6	9	12	15	18	21	24	27	30	33	36	39	42	45	48	51	54	57	60
车轮轴承润滑脂		—	—	—	—	—	—	—	—	L	—	—	—	—	—	—	—	L	—	—	—	—
轮胎气压		I	I	I	I	I	I	I	I	I	I	I	I	I	I	I	I	I	I	I	I	I
车轮定位（必要时进行轮胎换位并调整）		—	—	—	I	—	—	I	—	—	—	I	—	—	I	—	—	I	—	—	—	—
锁		—	I	—	—	I	—	—	—	L+1	—	—	—	—	—	—	—	L+1	—	—	—	—
限位器总成和门铰链		—	I	—	—	L+1	—	—	—	L+1	—	—	—	—	—	—	—	L+1	—	—	—	—

注：带★号标记为：当传动轴进水时，不考虑以上保养间隔；再次润滑传动轴。

1）车辆保养。

① 清洁剂。

—使用制造商建议的清洁剂或其他化学物质来清洁车内或车外，有些清洁剂是含毒性或灼热性，不正确的使用它，可能导致人员受伤或伤害。

—当清洁车内或车外时，不要使用稀释清洁剂。例如丙酮、油漆稀释剂、去漆剂、除锈剂，或清洁物品，例如肥皂水、漂白水。除了建议用来防锈的织状物，绝不要使用除碳剂、汽油、苯或石蜡油来清洁。

—当使用清洁剂或其他化学物质清洁室内时，将车门打开通气。暴露在通风不良的小空间中，吸入这些物质挥发气体，可能对身体有害。

—避免有色物体染到座椅，不要让未干染料接触到座椅蚀板，让这些染料完全干燥，这些包括各种的衣服，例如：厚棉布、皮革和小羊皮，还有装饰纸等。

② 车内保养和清洁。

—使用制造商建议的清洁剂或其他化学物质来清洁车内或车外，有些清洁剂是含毒性或灼热性，不正确的使用它，可能导致人员受伤或伤害。

—掉落在车内绒布或地毯上的灰尘和物体，应该定期使用吸尘器或软毛刷清除。用湿布轻轻地擦拭乙烯基质或皮革饰板，一般的饰板污点或脏污都能够使用清洁剂清洁。

③ 安全带保养。

—使安全带保持干燥和清洁。

—只可使用中性肥皂水和温水清洁。

—不要在带子上漂白或染色，这会严重减弱带子强度。

④ 玻璃表面。

—轻轻地擦拭玻璃表面，使用玻璃清洁剂或室内玻璃液体清洁剂即可去除一般的香烟垢、灰尘、室内四乙基铅和塑胶产生的混合物。

——不要使用任何研磨清洁剂在玻璃上,如果后挡风玻璃用研磨清洁剂清洁,可能破坏玻璃上的电子元件,避免将图片贴印于挡风玻璃内侧处,因为以后它们可能会被刮除。

⑤ 清洁玻璃外部。

——如果使用玻璃清洁剂之后,前挡风玻璃仍然擦不干净,或是雨刮片工作时抖动异音,则表示前挡风玻璃或雨刮片有蜡质。使用清洁粉或没有研磨性的清洁剂清洁前挡风玻璃外部。当车上的雨刮片在水中作用不会有水滴留下时,表示前挡风玻璃已干净。

2)车外保养和清洁。

① 外部漆面。

——车辆的漆面光鲜,使车辆看起来更美观、色彩更鲜艳,保持光滑和持久性。

② 冲洗车辆。

——经常洗车清洁是保持车辆光鲜的最佳方法。使用温水或冷水来洗车。

——不要使用热水或直接在阳光下洗车,不要使用强烈肥皂水或化学成分药剂洗车。所有清洁剂应该彻底清洁,不要留在漆面,一直到它干。该汽车设计为在一般环境下工作,但是,不正常的情况,例如:高压力洗车,可能导致水进入车内。

③ 抛光与打蜡。

——建议定期抛光与打蜡,以除去漆面的杂质,车辆售后公司服务站提供适合的打蜡工具。

④ 保持外部亮金属零件。

——应该定期清洁外部亮金属零件,为使其保持光亮,需经常用水冲洗。但特别注意铝合金饰条,严谨使用自动打蜡机蒸汽或强烈肥皂水来清洗铝合金,在亮金属表面涂上蜡,然后用力清洁。

⑤ 清洁铝合金轮圈和轮圈盖。

——清洁车轮或轮圈盖,因在道路行驶所沾染的灰尘、泥土,使其无法保持原来的外观,应定期清洁,不能使用有研磨性的清洁剂和清洁刷,避免出现可能的漆面损坏。

⑥ 防腐。

——运用特殊的物质和保护漆面材质对车身进行处理,达到车辆防锈效果,以保持车辆良好的外观、耐用性和正常功能,对于车身隐蔽部位(如:发动机室中间部分和车底盘部分),表面生锈并不至于影响其使用性能,无需进行特殊处理。

⑦ 钣金件损坏。

——如果车辆受损,需要更换或修理钣金时,需要选用专业的钣金厂,在更换或修理钣金时,必须做好防锈处理。

⑧ 异物沉淀。

——氧化钙和其他盐分,冰块溶剂,路面油污和焦油,树脂,鸟粪,工业化学物质和其他物质,如果这些物质留在漆面可能会造成漆面受损。如车身溅入以上物质,须迅速清洗，如无法完全去除这些掉落物，需用清洁剂处理。

—当使用化学清洁剂时，确保车辆漆面不被损伤。

⑨ 漆面受损。

—有任何石头碎片撞击、裂缝或漆面上的刮痕，应该立即修复。可用快干产品修理微小裂痕和划痕。大范围的漆面受损，需要到车辆售后服务站点进行处理。

⑩ 底盘保养。

—车辆在冰上或雪地和多灰尘地区使用时，锈蚀物质容易积聚在车身底盘下，如果此类物质未移除，可能加速其他零件锈蚀的速度，例如：油管、车架、地板和排气系统。定期用普通清水冲洗车身底部，小心清洁容易聚集泥污的区域，冲洗前应该先将积污松动。

 特别提示

（1）当发动机舱清洗过后，汽油、机油和沉淀物会冲入环境中。因此，应到配有油污分离设备的场所或车辆售后服务站清洗发动机。

（2）车辆废弃机油、制动液、变速箱油、防冻剂、蓄电池和轮胎，应由合格的废弃物处理厂处理。禁止将这类材料混同生活垃圾或倾入下水道。

定期维护里程	检查更换项目	备注
例行保养以清洁、检查为主	检查灯光、仪表、刮水器和喇叭、察听发动机和底盘声响	
	检查散热器盖、燃油箱盖、尿素箱盖、蓄电池注液孔塞的旋紧程度	
	检查油、气有无泄漏现象	
	检查电路有无短路、断路现象	
	检查燃油、冷却液、润滑油和制动液的液面高度	
	检查气压制动系和转向系的工作情况，及时排除储气筒积水	
	检查车身内外和底盘各部，擦拭玻璃和后视镜	
	经常保持油液清洁。整车加注的液压油，应经200目铜丝布过滤	
	检查并添加发动机、变速箱、后桥、转向器的润滑油，清洗通气塞	
	润滑传动轴、转向拉杆球头销、车门等润滑部位	
	检查并紧固发动机悬置、传动轴、悬架、转向机构的连接螺栓	
一级保养（1500～2000km）以紧固、润滑为主	进行四轮拆卸润滑保养	
	检查车身、车厢紧固情况	
	检查轮胎的外观，按规定气压充气	
	检查备胎的固定情况	
	检查贮油杯的液面高度，按规定添加	

定期维护里程	检查更换项目	备注
二级保养（6000～8000km）以检查、调整为主	执行一级保养项目	
	检查并调整离合踏板自由行程	
	检查调整变速操纵机构，检查变速器的润滑情况	
	检查传动轴万向节的松旷情况，视需要解体检查，调换十字轴万向节的受力方向	
	检查后桥各部的紧固情况及有无漏油现象	
	检查前后悬架系统，重点检查减振器和衬套是否损坏	
	检查钢板弹簧有无损伤、扭曲或弯曲	
	检查前轴球头销总成是否松旷或损坏，密封罩有无损坏等情况，如有则更换新件	
	检查纵横拉杆有无弯曲、裂纹，橡胶衬套是否损坏和老化；检查球头销螺栓、螺母拧紧力矩	
	检查转向节有无损伤和裂纹，及球头销、转向节配合情况	
	拆检纵横拉杆和转向臂各接头，按规定调整前束	
	拆检调整并润滑前后轮毂	
	检查转向器的固定情况；调整转向盘的自由转动量	
	检查调整制动器磨擦片与制动鼓间隙与驻车制动操纵杆行程；检查调整制动踏板行程	
	检查风扇皮带松紧度	
	检查蓄电池完好情况	
	清洁柴油滤清器和机油滤清器	
	检查并紧固驾驶室、底盘各部位连接螺栓，按规定进行轮胎换位	
三级保养（35000～45000km）以总体解体、消除隐患为主	执行二级保养项目	
	拆检行车、驻车制动器和制动管路，离合器操纵管路，制动主缸和轮缸，气室和调整臂，离合主缸和工作缸	
	检查纵、横梁有无变形、各附件固定是否可靠，必要时进行修理、补焊、除锈和补漆	
	轮辋进行除锈或清洁，除锈后应补漆	
	检查各仪表传感器、闪光器、保险器及各开关是否正常	
	检查各警报系统是否正常	
	更换变速器润滑油，疏通通气塞	
	更换发动机润滑油，疏通通气塞	
	更换驱动桥润滑油，疏通通气塞	
	更换空气滤清器主滤芯（视情况）	
	更换制动器摩擦片（视磨损情况）	

定期维护里程	检查更换项目	备注
三级保养 （35000～45000km）以总体解体、消除隐患为主	清洗燃油箱或液压油箱	
	更换减振器	
	更换冷却液	
	更换离合器液压操纵制动液	
	更换动力转向系油液及转向罐中的滤芯	

3）SCR 后处理尿素箱的保养注意事项。

尿素箱主要用于存储尿素水溶液，尿素箱需要定期保养，保养周期为半年或 30000 公里，检查事项：

—尿素液添加：为防止尿素过多溢出，一般尿素最高液位时容积小于箱体总容积的 100%，当尿素溶液消耗到 20%时，需要添加尿素溶液。保证尿素罐内尿素溶液保持上刻线位置，或在车上放置一定的备用尿素溶液。

—每年发动机进行保养时打开尿素箱底部放水螺塞进行清洗，放出罐内沉淀。

—不定期检查如发现通气阀或加液口处出现白色结晶，可用清水冲洗，也可用湿布擦拭。

—通气阀如发现堵塞，可旋下用清水清洗或更换。

—2～3 年更换罐内滤网。

—不定期检查插件及管路接头是否良好。

4）DPF 后处理器保养注意事项。

—整车尽量满载。

—在遵守相关交通法规的前提下，保持整车连续高速运行 30～40 分钟。

—发动机转速控制在额定转速的 75%～90%之间。

—在车速允许的条件下，控制发动机转速范围，并尽量采用高档位运行。

每次保养时，需要求整车对 DPF 后处理器进行保养。操作如下：

—拆检 DPF 载体，检测 DPF 载体是否完好（警告：等后处理器冷却后进行后处理器拆检，否则高温后处理器容易使人烫伤）；

—完成一次 DPF 主动再生；

—每 10 万公里对 DPF 进行一次清灰处理（CJ-4 机油及 10ppm 以下燃油）；若机油等级较低（CI-4），则清灰里程相应会缩短（5 万公里）；

—对完成主动再生后，OBD 仍持续报"DPF 堵塞或熔化故障"的，需对 DPF 载体进行清灰处理。

—必须添加满足国Ⅵ排放法规的低硫柴油（硫含量小于 10PPM），如果柴油品质不满足标准要求，后处理器催化剂会中毒，柴油机的排放会超标，对柴油机及其零部件使用寿命会产生不良影响。

 后处理器保养注意

⊙应按照上表内的行驶里程有计划地进行定期检查。

⊙即使车辆很少使用，也应定期检查，至少每月一次。若在恶劣条件下使用车辆，应适当缩短检查间隔。

⊙表中所列并非全部定期维护保养项目，全面系统的定期维护应去车辆售后服务站进行。

⊙DPF堵塞OBD报警提醒，则需要到车辆售后服务站进行检测。

⊙不要将尿素泵浸入任何液体中，只能使用干净的湿布擦拭单元，不可使用任何清洁剂清洗。

⊙尿素泵不可维修，不可打开外壳，如出现壳体外部、电气接头有裂纹或损坏请与售后服务站联系更换尿素泵。

⊙车辆工作中和工作后的ReNOx2.0尿素泵电磁阀线圈温度极高，应避免皮肤接触，防止烫伤。

图5-89 发动机

⊙不得解体尿素喷嘴，此部件不可维修，如果有损坏请联系服务站更换。

⊙DCU不可拆开维修，如果需要更换DCU，请及时联系车辆服务站人员进行更换。

⊙发动机关闭后氮氧传感器温度仍然会很高，不能触摸。

⊙管路中可能积累很高的压力，因此拆除尿素管路时请佩戴安全眼镜。

5）发动机。

① 发动机应动力性能良好，运转平稳，怠速稳定，无异响，机油压力和温度正常。

② 发动机点火、燃料供给、润滑冷却和进排气等系统的机件应齐全，性能良好。

6）机油的油位。

 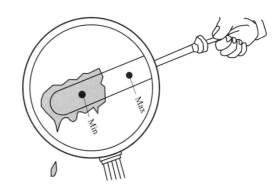

图5-90 机油油位

—拉出油标尺，擦干净后，再次放进去。

—再次拉出并检查油位是否在高低限的两个油位标记之间，也要检查油标尺杆上机油的污染程度。

 注意

⊙检查机油位时，汽车应停放在平坦的道路上，而且发动机应处于停止状态。

⊙如果发动机刚刚停止工作，应在检查油位之前等待 5 分钟，使机油平静下来。

—若机油补充过多超出最大刻度位置，则对发动机性能不利。

—如果不定期检查机油位，则将由于机油的不充分，而导致发生严重的发动机故障。

 警告

⊙此项工作需要专门技能、工具和设备。操作此项工作前，必须确保有一定的操作经验方可进行，否则，建议请车辆售后服务站完成。

⊙如果不定期检查机油位，则将由于机油的不充分，而导致发生严重的发动机故障。

7）发动机皮带的检查。

图 5-91　发动机皮带

—检查皮带有无裂纹和损伤。

—为使发电机、动力转向泵和空调压缩机正常工作，传动皮带应调节至良好的状态。

—将发动机关闭，检查皮带是否有裂痕、松动、过度磨损或油污现象。如皮带状况不良，应立即更换相同型号的皮带。

—按下皮带中间部分，检查风扇皮带的挠度是否在规定的范围内。风扇—曲轴—发电机皮带，施加 50N 力时，挠度为 8～10mm。风扇—张紧轮—水泵和风扇—压缩机—水泵—曲轴皮带，施加 50N 力时，挠度为 10～12mm。

 注意

⊙若皮带的张紧力过小会引起电池充电不足或发电机过热现象，而张紧力过大则会引起交流发电机或皮带的损坏。

⊙液压发动机的车辆，应确实检查风扇皮带。如果风扇皮带断裂，真空助力器就无法工作。

8）转向。

① 方向盘自由转动量。

—方向盘的自由转动量应控制在 $2°\sim10°$。

—检查时应在发动机处于工作状态，前轮置于直线行驶位置时向左右轻轻转动方向盘感到有阻力时进行测量。

② 转向机构。

—左右摆动转向盘是否松动。

—驾驶车辆时，还要检查有无转向吃力、颤动、被拉向一边等现象。

—转向机构零部件游隙过大、松动以及其他异常现象时应检修。

—方向盘应转动灵活，操纵方便无卡滞现象。

③ 全调节式方向盘。

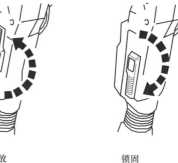

释放   锁固

图 5-92 车辆转向机构

—方向盘可调节到前后上下的任一位置，请将方向盘调节到坐在驾驶员座椅上操纵时最为舒适的位置。

 注意

⊙调节好方向盘后，应完全拧紧方向盘调节紧固手柄。一定要在停车状态下调节方向盘位置，不允许在行车中进行调节。

调节步骤：

图 5-93 方向盘结构图

Ⅰ. 向后拧转方向盘调节紧固手柄，以释放方向盘锁。

Ⅱ. 坐到座椅的适中位置后，向前后上下移动方向盘，使置于适中位置。

Ⅲ. 使方向盘定位后，向紧固方向拧转方向盘调节手柄，充分加以拧紧。

Ⅳ. 方向盘锁止杆在转向柱左侧。松开锁止杆（锁止杆向上抬起），可调整转向盘的位置。转向盘可上、下滑动或前、后摆动。调整后需将锁杆锁紧。

9）离合器液（制动液）的液位。

—检查贮油杯中离合器液的液面高度，如果液面低于 MAX 刻度线应添加。确保液面处于最大（MAX）和最小（MIN）刻度之间，然后拧紧盖。

—加油量：约 0.7L。

—油料：DOT－3 制动液。

 注意

⊙为保证系统管路清洁，加注离合器液压油时，不允许取出漏网，以免杂物混入。

⊙如果空气混入离合器液压回路，则因离合器分离不彻底而引起其缓慢拖带。因此，在拆卸液压回路或离合器液不足时，一定要进行排气，排气作业要由两个人来协同进行。

⊙排气作业要由两个人来协作进行。

10）离合器液压系统排气。

按下列步骤进行排气：

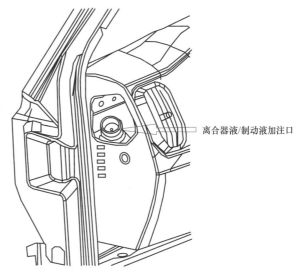

离合器液/制动液加注口

图 5-94　制动液加注口

图 5-95　离合器液压排气系统

—拉紧驻车制动器手柄。

—从排气塞螺钉处拆卸橡皮罩，把排气螺钉擦拭干净。将乙烯软管接到排气塞螺钉上，再将乙烯软管的另一端放进透明的容器内。

—反复踩下离合器踏板，并保持其被踩下的状态。

—拧松离合器工作缸的排气塞螺钉，将带有气泡的离合器液排进容器内，然后立即拧紧排气塞螺钉。

—缓慢地放开离合器踏板。反复进行上述作业，直到往容器内泵送的离合器液中的气泡水消失为止。在排气过程中，要使离合器储油杯中的液位保持规定值。排气完成后，应重新装好橡皮罩。

 注意

⊙离合器液（制动液）溶解涂料与塑料、尼龙、橡胶等，腐蚀金属的性能较强，因此溢出时，应该马上擦掉并进行充分的水洗。

⊙由于离合器液（制动液）的吸湿性较强，因此检修与保管之中，注意别混入水分。

 警告

⊙如果离合器油液（制动液）有显著的液位降低，这表明制动系统发生了泄漏，也可能是制动片严重磨损造成此现象。

⊙如果离合器油液（制动液）快速损耗，表明离合器系统发生了泄漏。

⊙如果以上情况发生，应立即到车辆售后服务站进行检查并修复。

⊙只能使用指定品牌、指定型号的离合器油液（制动液），不同的离合器油液（制动液）混在一起可能会发生化学反应，影响离合器油液（制动液）性能。

⊙须用新打开的离合器油液（制动液）。一旦打开，离合器油液（制动液）将吸收空气中的水分，过度的水分将影响制动效能，这是十分危险的。因此。需定期更换离合器油液（制动液）。

11）离合器踏板的调整。

—旋松挡块螺栓，将离合器踏板的高度调整为规定值。

—通过调节工作缸推杆和主缸推杆的长度，可以获得要求的踏板自由行程。

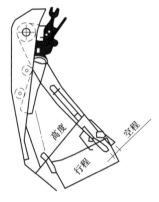

 注意

⊙踏板自由行程过小，会使离合器打滑，使分离轴承、膜片、离合器早期磨损。

⊙踏板自由行程过大，则可能导致离合器分离不彻底。

12）离合器工作缸推杆长度的调整。

图 5-96　离合器踏板

图 5-97　离合器

—按箭头所指旋松锁紧螺母。

自由行程过大、离合器分离不彻底时，旋出调整螺母。

自由行程过小、离合器打滑时，旋入调整螺母。

—紧固锁紧螺母。

锁紧螺母

图 5-98　离合器主缸

13）离合器主缸推杆长度的调整。

—在工作缸推杆长度调节后，仍不能达到规定的踏板自由行程时，则应调节主缸推杆长度。

—放松锁紧螺母。自由行程过大时，旋出推杆；自由行程过小时，旋入推杆，最后锁止锁紧螺母。

14）离合器踏板自由行程的检查。

—检查踏板的自由行程时，要放净主贮气筒内空气，使助力器不工作。

—轻轻踩下离合踏板，直到感觉到较大的阻力为止，测量这一段行程的长度。

—调整后，起动发动机，进行换挡、起步操作，检查离合器工作的正确性。

15）离合器踏板的自由行程和高度。

图 5-99　离合器

图 5-100　离合器踏板

—自由行程：15～20mm；

—高度约：170～180mm。

⚠ 注意

调整作业结束后，一定要检查离合器踏板的自由行程是否达到标准。

16）液压制动系统液压回路的排气。

—如果空气混入制动器液压回路，就会降低制动效果。因此，如果制动液杯内的液位过低，或者在制动器维修过程中拆卸液压回路，就一定要进行排气。排气作业要由两个人协同进行。

17）液压制动系统液压回路的排气步骤。

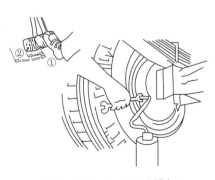

图 5-101　液压回路排气

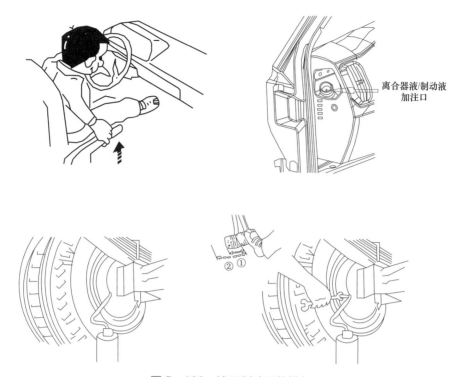

离合器液/制动液
加注口

图 5-102　液压制动系统排气

① 确实拉紧驻车制动器。

② 启动并保持发动机的旋转状态，直到真空度充分升高为止。如在发动机不旋转的状态下进行排气，会对真空助力器造成不良的影响。

③ 检查制动液杯内的液位，如有必要，应加以补注。排气顺序：左后轮—右后轮—右前轮—左前轮。

④ 从排气塞螺钉拆卸橡皮罩，把排气塞螺钉擦干净。将乙烯软管接到排气螺钉，再将乙烯软管的另一端放进透明的容器内。

⑤ 反复踩下制动踏板，并保持其被踩下的状态。

⑥ 拧松排气塞螺钉，将带气泡的制动液排进容器内，并立即拧紧排气螺钉。

⑦ 缓慢地放开制动踏板。

反复进行上述作业，直到往容器内泵送的制动液中的气泡消失为止。在排气过程中，要使制动液杯内的制动液保持规定的液位。排气后，应重新装好橡皮罩。

⑧ 对各车轮都进行排气之后，要检查制动液杯内的液位。

18）液压制动踏板的调整。

一检查制动踏板的空程和高度，如有必要时，按照下述方法加以调整。

① 拧松叉头部位的并紧螺母。

② 转动控制杆，调整好踏板高度，然后拧紧叉头并紧螺母。

③ 用挡块调整制动踏板的自由行程。

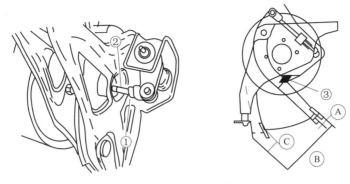

图 5-103　制动踏板结构

—自由行程 A：4～7mm。

—高度 B：165～175mm。

—余量 C：大于 65mm。

19）气压制动踏板的调整。

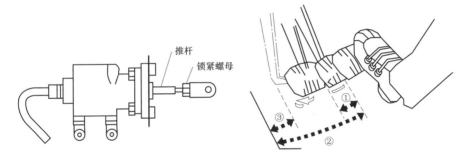

图 5-104　气压制动踏板

—拧松锁紧螺母。

—调整控制阀总成中的推杆，调整好自由行程后拧紧锁紧螺母。

—调整踏板高度。

—只要轻轻地踩下制动踏板，气压制动器就会产生强大的制动作用。

—自由行程：4～7mm

—高度：165～175mm

—余量：大于 65mm

—调整制动灯开关触头，使其与踏板臂接触，并有足够的接触面积，以保证制动灯开关正常闭合。

—行车制动在产生最大制动效能时的踏板力≤700N。

20）挡风玻璃洗涤液的液位。

21）空气滤清器。

图 5-105 玻璃洗涤箱

图 5-106 空气滤清器

——空气滤清器滤芯必须适时保养维护，以免造成滤芯堵塞，发动机功率下降、油耗增加等问题；若滤芯破损，将引起发动机非正常磨损；因此空气滤清器应定时到车辆售后服务站进行清理。

——一般地区每行驶 8000～12000 公里时，保养一次滤芯；保养 3～4 次（视情况），行驶里程大约在 24000 公里，更换一次主滤芯。

——在多灰地区或其他工作环境恶劣的地区，应适当缩短滤芯的保养和更换周期。

 注意

不可更换劣质滤芯，否则会造成发动机非正常磨损。更换滤芯时，须购买原厂生产的滤芯或车辆厂家认可并提供合格报告的滤芯。

22）变速操纵机构调整。

——换挡拉线的调整（黑色）

将变速操纵杆置于空挡位置，回松端部的紧固螺母，转动端部接头使换挡拉索长度达到理想长度，然后并紧螺母。

——换位拉线的调整（红色）

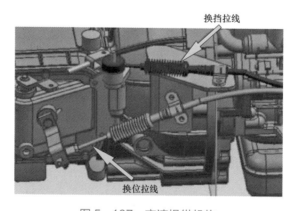

图 5-107 变速操纵机构

将变速操纵杆置于空挡位置,回松端部的紧固螺母,转动端部接头使换位拉索长度达到理想长度,然后并紧螺母。

23)前轮毂轴承的调整。

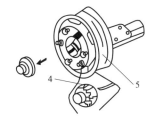

图 5-108　前轮毂轴承

1—开口销;2—轴承盖;3—制动鼓;4—锁紧螺母;5—轮毂

—调整时,将前轮顶起,拆下轴承盖。

—拆掉开口销,先将前轮毂锁紧螺母松开,然后再用 100~150N·m 的力矩打紧。在拧紧过程中,正反两个方向转动轮毂,以消除轴承间隙。

—拧紧后,再将锁紧螺母旋松 1~2 个缺口(1/6~1/3)圈,并使螺母的缺口对正销孔。插入开口销,将螺母销止。

24)传动轴。

—保时,对滑动叉和十字轴加注润滑脂。

二保时,检查十字轴是否松旷。

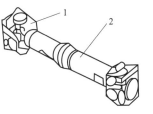

图 5-109　传动轴

1—滑动叉;2—轴管

 组装与装车必须注意

⊙传动轴前后不能装反。

⊙十字轴滑脂嘴朝向传动轴轴管。

⊙滑动叉与轴管的箭头线对准。

25)中间传动轴。

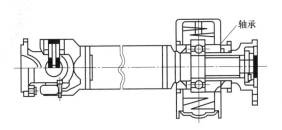

图 5-110　中间传动轴

—中间支承轴承是带密封圈的轴承,不需加注润滑油。安装时,需在两端油封刃口

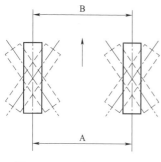

图 5-111　车轮前束机构

—车轮定位参数：

处涂抹少量润滑脂。

—中间支承总成装配时，应注意使中间支承支架带标记"↑"的一面朝前。

26）车轮前束的调整。

—调整时，首先将横拉杆左、右接头的环箍螺母松开，转动横拉杆，使前束符合：前束（按轮胎胎面中心线计）A－B＝1～3mm。

—然后拧紧环箍上的螺母。

轴距	霸铃/经典 1	经典 2	经典 3/经典 5
车轮外倾角	45′	45′	1°
主销内倾角	7°45′	7°45′	7°30′
主销后倾角	2°30′	2°30′	2°30′

—前轮侧滑量不得超过 5m/km。

27）前轮最大转角。

—前轮最大转角 38°。

—前轮最大转角由装在前轴上的左、右限位螺钉的长度来调整。

—当车轮转到极限位置时，限位螺钉碰到转向节，以达到规定转角。

—最小转弯直径不大于 13m。

28）悬架的维护。

汽车投入正常使用后，应分别在空载和满载状态下对∪形螺栓螺母紧固一次。

—后钢板弹簧：先对角拧紧，然后均匀紧固。

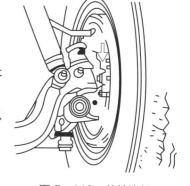

图 5-112　前轮连杆

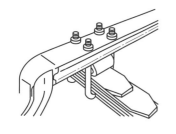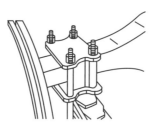

图 5-113　车辆悬架

—前钢板弹簧：先对角拧紧，然后均匀紧固。

—装配钢板弹簧销时，应涂以润滑油。

29）轮胎。

—同一轴上的轮胎规格和花纹应相同，轮胎规格应符合整车制造厂的出厂规格。

—轮胎的胎面和胎壁上不得有长度超过 25mm 或深度足以暴露出轮胎帘布层破裂和割伤。

30）保持轮胎的正确气压。

使用轮胎气压表测量轮胎气压：

轮胎规格	185/65R15	185R14	185R15	6.00-15	6.00R15	6.50-15	6.50-16	6.50R16	7.00-16	7.00R16	7.50-16	7.50R16
轮胎气压 MPa	0.55	0.45	0.45	0.53	0.56	0.53	0.53	0.56	0.63	0.67	0.73	0.77

同一辆车轮轮胎气压差值不大于 0.06MPa。

—如果轮胎需要经常充气时，可联系车辆售后服务站进行检查。

—如果轮胎气压符合要求值，但有不正常磨损，此时应先检查前轮定位是否正确。

31）检查轮胎气压。

—须在冷轮胎的状态下检查轮胎气压。车辆至少停放了三个小时或行车不超过 1.6 公里，可测得精确的气压读数。

—须使用胎压测量表。单看轮胎表面，无法确定轮胎气压是否足够。轮胎气压有差数，会降低驾驶效率，造成驾驶困难。

—不正确的轮胎气压，将缩短轮胎的使用寿命，减低行车的安全性，增加额外的燃油消耗。

 注意

① 如果轮胎充气不足会造成：

a. 过度挠曲变形；

b. 过热；

c. 轮胎超载；

d. 过早或不规则磨损；

e. 操纵性差；

f. 经济性降低。

② 如果轮胎充气过量会造成：

a. 异常磨损；

b. 操纵性差；

c. 乘坐舒适性差；

d. 因道路危险造成不必要的损坏。

—驾驶后不要将轮胎放气和减少轮胎气压，驾驶之后的轮胎气压较高，是正常的。

—须安装轮胎充气阀盖。如果没有阀盖，尘埃或湿气容易进入阀芯，导致漏气。如阀盖丢失，须立刻装上新的阀盖。

32）定期检查轮胎。

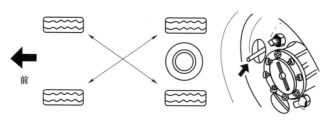

图 5-114　轮胎检查

—定期检查轮胎胎面花纹的磨耗情况，如果磨耗严重，须更换轮胎。

—刺入轮胎的物体，将导致轮胎内部损坏。轮胎如果使用超过 6 年，即使没有发现有明显损坏，仍需要进行更换。轮胎虽然不被使用或不经常使用，但由于时间长，也会导致橡胶老化。对于备用轮胎和贮藏的轮胎，也须如此检查。

—二级保养时进行轮胎换位。

—轮胎花纹深度小于 3.2mm 时，要及时更换。

—在轮胎处于低温状态下（车辆停放 3 小时以上或行驶 1.6 公里以下）。

—检查轮胎气压进行轮胎的维修保养。

33）车轮定位和轮胎平衡。

—为尽量延长轮胎使用寿命并提供最佳整体性能，出厂前已经对轮胎和车轮进行了仔细的定位和平衡。但是，如果发现轮胎异常磨损或车辆跑偏，则可能需要检查车轮定位。如果在平坦的路面行车时车辆出现颠簸，则应重新平衡轮胎和车轮。

34）储气筒。

—要保证制动系统各种阀的工作正常，驾驶员必须坚持每日的检查与保养。尤其重要的是每 3000 公里后通过放水阀排出储气筒中的残余水分。

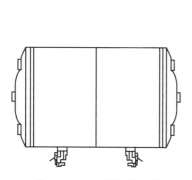

图 5-115　制动储气筒

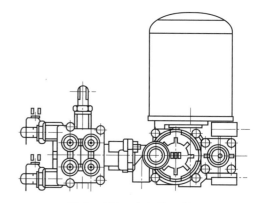

图 5-116　空气处理单元

—拆卸和装配储气筒时，严禁撞击储气筒的各部分。

35）制空气处理单元（干燥器四回路保护阀）。

—每行驶 30000 公里，应对阀腔和阀门进行清洗，清洗后，将各接触面涂上薄层润滑脂后，再进行装配。如四回路保护阀产生漏气现象应拆下来进行清洗；如阀门的密封带有损坏情况应进行更换。

—来自空气处理单元的压缩空气经四回路保护阀分别向各回路的储气筒充气。

—应经常检查四回路保护阀工作可靠性和灵敏度，来自空压机的压缩空气到各管路有堵塞、折断、脱落等故障时，应及时排除。

—空气干燥器带自动加热功能，当温度低于 7℃±6℃时，加热器自动开启，防止空气中水分凝聚结冰，冻住阀口，当温度达到 29℃±4℃时，加热器将自动关闭。

36）防抱死制动系统。

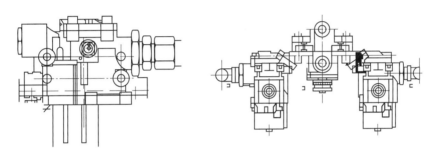

图 5-117　防抱死制动系统

—防抱死制动系统是一种先进的电子制动系统，有助于防止车辆滑移和失控。该系统可在急刹车时绕开障碍物，并能够在打滑路面上提供最大的制动能力。

—在制动过程中，ABS 系统将监视每个车轮的速度。如果有一个车轮出现抱死倾向，系统将分别控制两个前轮以及后轮的制动器。当 ABS 工作时，制动踏板通常会出现轻微震动并伴有噪音。

—当点火开关接通时，ABS 警告灯短暂点亮。如果 ABS 警告灯不熄灭或在行车中点亮，表明 ABS 有故，须立即向车辆售后服务站咨询。

 注意

ABS 既不会改变制动器接合所需的时间，也未必会缩短制动距离。即使装备 ABS，在驾驶过程中也必须留出足够的制动距离。

37）快放阀、继动阀。

—每行驶 30000 公里，应对阀腔和阀门进行清洗，清洗后，将各接触面涂上薄层润滑脂后，再进行装配。如制动阀产生漏气现象应拆下来进行清洗，如阀门的密封带有损坏情况应进行更换。

图 5-118　快放阀、继动阀

149

—每行驶 30000 公里，应对继动阀、快换阀进行保养，清洗活塞、阀芯总成及其他零件的内外部。清洗后，将各接触面涂上一层薄润滑脂后，再进行装配，装配后用压力 0.3～0.4MPa 的气体进行检查，应无漏气现象。当组合继动快放阀漏气时，应进行清洗，更换全部密封圈，若阀芯总成上部的挡圈松脱，或不平应更换阀芯。

 注意

⊙在清洗各种阀的内部时，严禁用汽油清洗。

⊙拆卸和装配时，严禁撞击阀的各部分，并严禁用利器接触各表面。

38）制动器。

—当制动器被浸湿后，起步后应慢速行驶来检查制动系统，以确保制动系统工作正常。如果制动无效，慢速行驶并轻踩制动踏板使制动器干燥。如果仍然动作不稳，则将车开到路旁，联系车辆售后服务站派人检修。

 警告

制动系统的所有部件都是安全件，根据说明书的要求，定期到车辆售后服务站检修车辆。

39）制动摩擦片。

—更换摩擦片后，在前 200 公里的行驶中应尽可能避免紧急制动。

—当制动摩擦片磨损到极限时，气制动车辆仪表上的磨损极限报警指示灯会点亮，油制动车辆制动器会发出金属摩擦的尖锐声。如果出现上述任意现象应尽快前往车辆服务站更换制动摩擦片。

 注意事项

⊙应确保制动踏板在任何情况下都操作自如。

⊙如果将厚地垫或其他异物放在制动踏板附近，这会影响紧急制动下制动踏板的行程。

⊙在清洗各种阀的内部时，严禁用汽油清洗。

⊙拆卸和装配时，严禁撞击阀的各部分，并严禁用利器接触各表面。

40）自动调整臂使用与维护。

润滑：自动调整臂应与汽车底盘同时进行润滑，间隔润滑周期里程不超过一万公里。

检查和保养：行驶 4 万公里时应对自动调整臂进行检查，检查项目为：

（1）自动调整臂总成是否有损坏。

（2）制动气室推杆是否行程过大。

（3）制动间隙是否保持为初始的正常间隙：0.7～1.2mm。

图 5-119 刹车间隙自动调整臂

图 5-120 刹车间隙自动调整臂

（4）制动蹄是否已磨损到极限，是否需要更换。

—定期检查制动器摩擦片磨损情况，摩擦片磨损到极限后及时更换。

—检查制动器摩擦片应同时检查自动调整臂是否有破损情况，必要时应及时维修和更换。

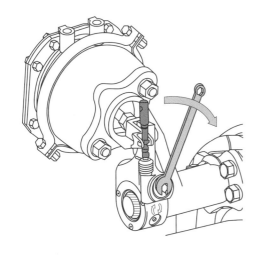

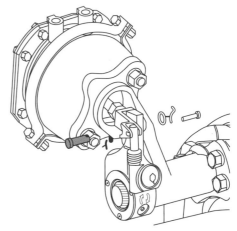

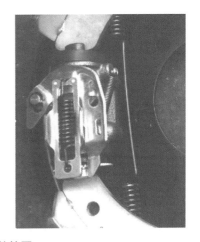

图 5-121 间隙调整简图

③ 间隙调整。

—新车及经过二级保养（镗削制动鼓、更换制动蹄摩擦片）的车辆可能会造成间隙过小，需要手动放大制动间隙。放大制动间隙可以重新安装自动调整臂，也可按照下述步骤进行：

A. 美式自调臂的间隙调整（气制动）

—如图所示，将自动调整臂上大小轴销取下，用 12 开口扳手按自动调整臂壳体所标示的旋转方向旋转蜗杆将齿条拿出。

—按自动调整臂壳体上标识的旋转方向反向旋转蜗杆，制动间隙略大于所要求的设定间隙（1mm 左右）。

—安装放大间隙的方向旋转蜗杆，将齿条列入自动调整臂。

—用大小轴销将螺纹叉连接，完成恢复。

B. 欧式自调臂的间隙调整（气制动）

—用 12 开口扳手顺时针转动调整臂蜗杆六角头直至摩擦片与制动鼓接触，然后再逆时针方向转动蜗杆六角头 3/4 圈（反向转动时会听到咔咔声），以放大制动器间隙（间隙为 1.2～1.5mm）然后施加若干次制动，制动间隙将自动调整至正常范围。

C. 车轮制动器的调整（油制动）

—如图所示，顶起制动间隙调整拨片。

—拨动棘轮调整间隙，向制动底板上箭头方向拨动，则制动间隙减小，反之，则相反。

⚠ 注意

⊙车辆制动器经过磨合后的正常使用过程中，不需要手动对自动调整臂蜗杆进行调整。

⊙间隙调整不能使用电动扳手、风动钻。

④ 驻车制动器的调整。

—把前轮固定起来，驻车制动器手柄放到底。

—顶起后轮，使其完全离开地面，把变速杆置于空挡，转动传动轴，使制动鼓的调整孔与调整轮对准。

—用一字螺钉旋具插入制动鼓调整孔内，向外拨动调整轮，直至制动鼓完全抱死为止。

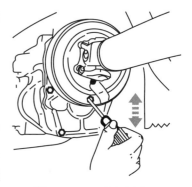

图 5-122　驻车制动器

—再向相反方向拨转调整轮 3～5 齿，转动制动鼓，以蹄片不擦制动鼓为宜。

—驻车制动时施加操纵手柄的力≤600N。

41）制动摩擦副的合理适用范围。

—在车辆使用过程中，制动摩擦副不断地被磨损。由于使用的路况、车辆载重情况、驾驶员驾驶习惯，磨损情况差异很大。

——为了方便判断摩擦力使用范围，部分车型在摩擦片上加工出凹槽，当摩擦片磨损到凹槽最低处时，就需更换摩擦片，如图 5-129 所示，未加工出凹槽的，以摩擦片将要磨损到铆钉为准。

42）蓄电池。

图 5-123　制动摩擦副

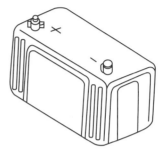

图 5-124　车辆蓄电池

——采用 2 只 6-QA-60/80Ah（以实车装配状态为准）免维护全塑外壳蓄电池。用来提供给遥控门锁、照明、组合仪表等低压电器。经初充电后的蓄电池，在正常使用保养条件下，半年内无需进行补充充电。当需要更换新的电池时，所换电池应与原装电池型号容量保持相同。

——如果车辆在未来至少三星期以内不会行驶，应将电源总开关关闭。这样可以防止电池过快放电（如蓄电池放置不用，需先充足电量，且每隔半年进行一次电量补充）。

——蓄电池的容量会随外界气温降低而减少。电解液的比重也会随放电率增大而降低。因此，必须及时采取防止电解液冻结的措施。

——注意保持蓄电池清洁。如发现蓄电池的外部零件污脏，则要用温水加以清洗。为了防止腐蚀，应在蓄电池桩头和电线接头装配好之后，在表面涂抹薄薄一层凡士林或润滑油，以防腐蚀。

——若蓄电池亏电严重，车辆将无法启动。

 警告

⊙对电气设备进行更换前，关闭电源钥匙以及所有电气设备，拆除蓄电池负极线。

⊙拆下蓄电池时，先拆负极电缆，再拆正极电缆。

⊙再次接通蓄电池前应关闭所有电气设备。先接正极，后接负极。切勿接错电缆，否则有失火危险。

⊙在电源钥匙接通时不要断开蓄电池，否则会损坏电气设备。

⊙严禁用搭铁使蓄电池两极跳火短路的方法，检查其荷电量。

⊙蓄电池会产生有可燃性和爆炸性的氢，因此决不允许用工具使蓄电池发生火花，也不要在蓄电池附近吸烟或擦火柴。

⊙电解液中含有毒性和腐蚀性的硫酸，防止电解液接触眼睛、皮肤和衣服。

43）灯泡的更换。

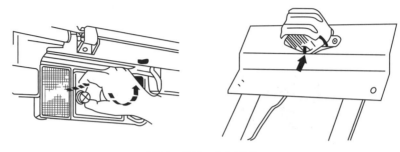

图 5-125　车辆灯泡

一换灯泡时，一定要断开其开关。只许使用相同功率、相同电压的灯泡。标准灯泡功率列表如下：

部位		功率	灯泡数
前组合灯	转向信号灯	21W（琥珀色）	2
后组合灯	制动灯/尾灯	21W/5W	2
	转向信号灯	21W（琥珀色）	2
	倒车灯	21W	2
	后雾灯	21W	1
牌照灯		10W	1
前示廓灯		5W	2
侧转向灯		21W（琥珀色）	2
车顶灯		10W	1
前雾灯		70W	2

 注意

前组合灯除了转向信号灯外均为 LED 灯组，若损坏，需更换前组合灯总成。

44）保险丝盒。

正常　　　熔断

图 5-126　车辆保险

一保险丝盒位于放物箱下边。打开保险丝盒盖即可检查和更换保险丝。

一盒盖可用手简单的取出来。保险丝的额定电流值贴在盒盖内侧的标牌上。要更换保险丝时，请用备有的保险丝，并用拆卸器进行拆装。

 注意

⊙如发现保险丝熔断，就要进行检查，找出熔断的原因，并在更换保险丝以前采取必要的维修措施。

⊙如更换保险丝时，应将起动开关拧到"LOCK"位置，并一定要使用同规格的保险丝。

（2）整车润滑表。

注：◆—表示加注润滑油　　◇—表示更换润滑油

　　　▲—表示加注润滑脂　　△—表示涂润滑脂

序号	润滑部位	间隔里程（km）				润滑剂	润滑点	备注
		每日	2000	8000	45000			
1	长换油发动机					专用长寿命机油	1	
	普通发动机					柴油机专用机油	1	
2	变速器			◆	◇	中负荷车辆齿轮油	1	清洗通气塞每隔24000km更换齿轮油
3	动力转向器				◇	8号液力传动液（凝点−35℃）	1	每隔40000km更换传动液
4	驱动桥				◇	85W/90GL−5 重负荷车辆齿轮油	1	清洗通气塞每隔24000km更换齿轮油
5	离合储液壶	检查	▲		▲	DOT−3	1	
6	前后钢板弹簧销		▲		▲	2号锂基润滑脂	18	
7	传动轴万向节		▲		▲		3	
8	传动轴花键		▲		▲		1	
9	中间传动轴支承轴承		▲		▲		1	
10	蓄电池接线柱				△		4	
11	转向节销、横、直拉杆球销		▲				各2	
12	离合踏板轴及制动踏板轴				▲		1	
13	前后轮毂轴承			△	△		各2	
14	车门铰链				▲		4	
15	车门锁				▲		2	

续表

序号	润滑部位	间隔里程（km）				润滑剂	润滑点	备注
		每日	2000	8000	45000			
16	刮水器传动杆及电机			▲			2	
17	驾驶室铰接软垫处		▲		△		2	
18	前后制动气室支架		▲		▲		4	
19	前、后制动调整臂		▲		△		4	
20	发动机排气制动控制缸活塞				△		1	
21	液压油缸			◆	◇	46 号液压油	8	夏季
				◆	◇	32 号液压油	8	冬季

1）更换润滑油。

—总成拆解后重新装配时，应对各轴承、衬套等进行润滑；在有相对运动的零件摩擦涂以润滑脂。

—经常检查各总成润滑油液面高度，及时补充。

—汽车行驶到规定里程时，必须更换相应总成的润滑油或齿轮油。

图 5-127 润滑油更换示意图

警告

⊙应严格按规定选用符合标准的润滑油。

⊙严禁不同牌号、不同厂家生产的润滑油混用。

2）更换变速器润滑油。

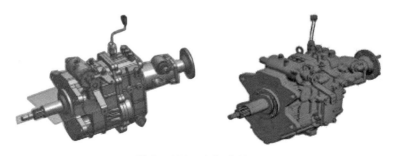

图 5-128 车辆变速器

—汽车每行驶 8000 公里，检查变速器油面高度，并按规定添加。

—换油时必须先放尽变速器内的润滑油，然后添加新润滑油。

—添加时，要加到油面与加油口平齐为止。加油口位于变速器的右侧。

—油料及加油量：

序号	变速箱型号	主箱加油量	副箱加油量	油料
1	6TR35B2	约 2.4L		冬季、夏季均用 75W/90（GL－4）
2	MW5G28B（铝壳）	约 2L		
3	MW5G28BH	约 1.8L	约 1L	
4	SC8G40	约 4.7L		80W/90GL－4
5	SC8S45TL	约 6L		
6	WLY10H35	约 5L		
7	WLY10H46	约 4.5L	约 1.2L	
8	WLY5G32	约 2.7L		

—换油周期：

新车磨合结束（行驶 2500 公里）。

汽车每行驶 24000 公里。

—检查变速器油液是否泄漏。

 注意

⊙润滑等油料添加，属于专业技术操作行为，为避免造成人身伤害或车辆损坏，建议到车辆售后服务站完成此项工作。

3）更换驱动桥润滑油。

图 5-129 车辆驱动桥

—汽车每行驶 8000 公里，检查驱动桥油面，按规定加足。

—添加时，应加到油面与检查孔平齐（L）为止。

—加油口位于主减速器壳的后部。

—油料：85W/90GL－5 重负荷车辆齿轮油。

—加油量：

序号	后桥吨位	加油量参考）	备注
1	1吨、2吨	约2L	
2	3吨	约3L	
3	4吨	约3.8L	1061后桥
4	5吨	约3.2L	1080缩短后桥
5	6吨	约4.5L	1080后桥
6	7吨	约5.4L	1080加强后桥
7	8吨	约7L	145后桥
8	10吨、13吨	约13～15L	153后桥及457桥

—换油周期：

汽车磨合结束（行驶2500公里）。

汽车每行驶24000公里。

 注意

⊙更换变速器、驱动桥（排油口D）润滑油时应在热车状态下进行。

⊙注意不要被热油烫伤。

⊙清理放油螺塞上吸附的杂质。

⊙疏通通气塞。

4）更换发动机润滑油。

图5-130 发动机润滑油加注口

—将汽车停放在平坦路面上。

—在热车状态下（油温大约在60℃左右），拧开机油盘下部的放油螺塞（注意油热，不要烫伤人），清除螺塞上吸附的杂质。

—油放尽后旋紧放油螺塞。

—更换机油周期：以先到为准

① 长换油发动机。

首次保养 6 个月或行驶 20000 公里更换机油和机油滤清器。

首保后每隔 12 个月或行驶 40000 公里更换机油和机油滤清器。

② 普通发动机。

首次保养 3 个月或行驶 5000 公里更换机油和机油滤清器。

首保后每隔 6 个月或行驶 10000 公里更换机油和机油滤清器。

—油料及加油量（参考油量，以油标尺刻线为准）。

油料 SAE 黏度等级：15W－40（长换油发动机）、10W/30（普通发动机）。

序号	发动机型号	加油量	油料
1	D20TCIF14	约 5.5L	选用 CK-4 级及以上的柴油机专用机油
2	CA4DB1-13E6	约 9L	选用"锡柴牌"劲威 CA4DB1 国Ⅵ系列柴油机专用长寿命机油
3	YCDV 2561-115	约 8L	选用 CJ 级以上的机油

—适用环境：常年环境温度范围－30℃～40℃，该温度范围涵盖中国绝大部分区域，特别适合在中国北方寒冷地区冬季使用。

—起动发动机，使其以怠速运转数分钟，停机 30 分钟，检查油标尺，油位应在两个标记之间，如有必要时加以补注。

—添加润滑油，使油面达到油标尺的上限。

 警告

⊙机油黏度受温度影响很大，应根据环境温度选择润滑油黏度等级，特别是在冬季气温较低的环境下，需要使用黏度合适的润滑油。

⊙严禁不同黏度等级、不同牌号、不同生产厂家润滑油混用；严禁新、旧润滑油混用，否则容易发动机油过早氧化变质。

⊙短期内环境温度低于机油适用温度范围，会影响起动性能，但不会造成危害。但是若长期使用不适合的机油，则会加速发动机磨损。

⊙严禁在发动机零部件未全部安装到位的情况下添加机油。

⊙启动频繁或经常在高速大负荷下运行应缩短换油周期。

5）更换前后轮毂轴承的润滑脂。

如需要更换轮毂轴承内润滑脂时，因为此项工作需要拆卸和重新组装轴承，所以请用户与车辆售后服务站联系。

6）更换转向器润滑油。

—汽车每行驶 8000 公里，检查液压油油面，按规定加足（液面在"MIN"和"MAX"之间）。

—加油量：动力转向约 1.9L。

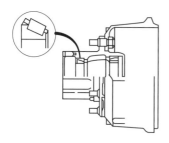

图 5-131　轮毂轴承

图 5-132　车辆转向器

—油料：动力转向，8 号液力传动液（凝点为 -35℃）。

—换油周期：

汽车磨合结束（行驶 2500 公里），更换液压油，清洗滤网。每隔 40000 公里或两年，更新液压油及转向油罐中的滤芯。

—换油方法：

拆下转向器上的低压油管接头，让发动机怠速运转。将转向盘转向左、右至极限位置。

7）更换动力转向油。

单排排半

双排

图 5-133　车辆动力转向器

排油：拧松方向机处回油管接头，待油排完后拧紧回油管接头；排完转向油后，应向左右转动方向盘，并在左、右各向分别停下几次，使液压回路内残余的转向油完全排出。

加油：一单排、排半车型，掀起驾驶室，拆下动力转向油罐盖，将转向油加至"MIN"和"MAX"字样框线间，拧紧转向油壶盖。

—双排车型，打开发动机检修口，拆下动力转向油罐盖，将转向油加至"MIN"和"MAX"字样框线间，拧紧转向油壶盖。

检查液面：将车停稳，待发动机冷却后，观察液面是否在油罐上标示"MIN"和"MAX"之间。低于"MIN"框线，应补充转向液，高于"MAX"框线应放掉部分转向液，加液过满，会损坏动力转向装置。

注意

⊙添加动力转向液油箱温度较高时，注意不要烫伤！

⊙动力转向系统液压管路内部必须保持清洁，应按规定定期换油和清洗管路。

⊙禁止液罐加注过满，否则溢出的油液会着火。

8）润滑部位。

请用 2 号锂基润滑脂润滑下列部位：

—转向主销（4 处）

—转向横拉杆端头（2 处）

—转向直拉杆（2 处）

—万向节和滑动叉

—钢板弹簧销（12 处）

9）紧急停车。

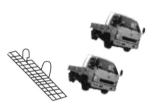

如因某种原因必须在路上停放车辆时，应尽可能使车辆靠近路边，切勿停放在行车道上。

使驻车制动器操纵杆可靠地转为制动状态，同时不论是白天或黑夜要使用遇险警告指示灯，并使用警示牌。

不得用另一台车辆牵引的方法起动发动机，因为发动机起动时可能前冲击，造成与牵引车辆的撞车事故。

图 5-134　紧急停车图示

10）紧急情况。

—在蓄电池无电的情况下要起动车辆，可使用与车辆蓄电池额定电压相同的辅助电池。

—操作蓄电池时应格外小心，以避免造成严重的人身事故以及因蓄电池爆炸、电池酸液燃烧发出电火花而造成的车辆损坏或电器件损坏。

11）电缆连接步骤。

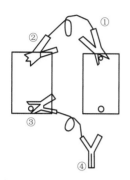

图 5-135　车辆蓄电池

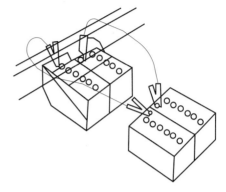

图 5-136　蓄电池连接示意图

可用跨接电缆与另一台车辆的蓄电池连接后起动故障车的发动机。建议连接时按照图示序号进行连接。

 注意

⊙绝对不能把电缆连接于正负极接线柱之间。不得在发动机正在旋转时从接线柱拆离电缆，否则会引起电路内的故障。

12）牵引。

牵引不能行驶的车辆时应注意下列各点：

—如果变速器处于正常状态时，应将变速杆置于空挡。

—如果变速器发生故障时，就要从后桥凸缘上拆离传动轴，将其端部系紧在车架上。

图 5-137　接线警示

—需将牵引索（安全链或缆索）挂在牵引车和不能行驶车辆的挂钩上，以 40 公里/小时或以下速度加以牵引。

13）摆脱陷车状况。

—如经多次往复冲车后，车辆仍然被陷，须请寻求其他帮助。

—如果车辆被陷在雪地、沙地，或泥泞地中，通常采用往复冲车的办法摆脱险境。轻踩加速踏板，在 1 挡和倒挡之间交替变换换挡杆。注意避免发动机转速太高或车轮空转。

—长时间用此方法想解救受困车辆，可能导致变速器过热或失效。在数次往复冲车之间，应该让发动机怠速运转几分钟，使变速器冷却。

注意

⊙在往复冲车时，确保车辆周围没有人和其他物品，因为此时车辆可能会突然向前或向后脱离被陷位置，从而伤及周围人员或物体。

14）燃油系统的排气。

—如果完全用完燃油很可能吸进空气，如燃油系统吸进空气时，燃油则因不能顺利流进发动机而被中断。为了防止这种现象，必须进行燃油系统的排气。

—如果燃油管路中进入空气，必须用柴油滤清器上的手油泵将油管和高压油泵内的空气排出，使油管和高压油泵内充满燃油，方可启动发动机。

图 5-138　柴油滤清器

—排气螺钉不用时应拧紧，以免漏油。

—排气的步骤和注意事项如下：

① 找安全的地方停放车辆。

② 松开柴油滤清器上的排气螺钉，反复按压和松开手油泵进行泵油，直到排气螺钉处无空气排出再拧紧排气螺钉。

③ 松开油水分离器上的排气螺钉，反复按压和松开手油泵进行泵油，直到排气螺钉处无空气排出再拧紧排气螺钉。

④ 用手油泵泵油，直到喷油泵内充满燃油。

15）轮胎的拆卸。

—将车轮顶起到轮胎稍微离开地面为宜，先拧松车轮螺母，再使用千斤顶。

—将套筒扳手手柄插入千斤顶套筒，上下摇动手柄，千斤顶头部伸出，将车辆顶起。当轮胎稍许离开地面后，拧下螺母，取下轮胎。

—然后顺时针方向拧紧释放阀，以固定千斤顶。

16）轮胎的安装。

图 5-139　车辆轮胎

图 5-140　轮毂螺母

—使车轮螺母的法兰面朝向车轮，安装所有车轮螺母并用车轮螺母扳手暂时拧紧。

—用车轮扳手拧紧车轮螺母，按拧紧力矩表要求紧固到位，车轮螺母。

一定要贴全于轮毂。

—车轮接地后，请将轮胎转半圈再次紧固。

—更换轮胎后，应进行初期的试运行。在行驶 50～100 公里后按规定的扭矩再扭紧一次。

 注意

⊙安装轮胎总成时，应将轮胎的气门嘴对正制动鼓的斜面。

⊙车轮螺母扭紧力矩不足或过紧会造成轮毂螺栓拆断及轮辋龟裂，导致脱轮。

⊙内、外侧两气门嘴应错开，以方便于工作充气。

17）千斤顶的使用须知（液压千斤顶）。

顶起：如果车辆的顶起点高于千斤顶头部时，应先朝逆时针方向拧转千斤顶头部使其伸长。再插入千斤顶手柄，上下加以扳动。

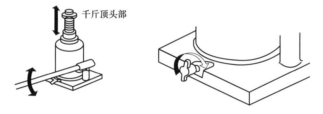

图 5-141 千斤顶

位置：① 前轮前轴下或钢板弹簧下。

② 后轮后桥壳下方，板托座下平面。

③ 在千斤顶手柄处于如图所示的状态下，朝逆时针方向缓慢地拧松排气孔螺钉。使车辆降到地面。

 注意

⊙除了规定的顶起支点以外，不得在任何其他位置顶起车辆。

⊙必须确认千斤顶设置在平坦而坚硬的地方。

⊙绝对不要钻进用千斤顶顶起的车辆下面。

⊙在千斤顶顶起车辆的状态下不得起动或旋转发动机。

 警告

⊙使用千斤顶时，必须朝逆时针方向缓慢地拧松排气孔螺钉，慢慢下降车辆。若拧转太急，车辆会急剧下降，千斤顶也会滑脱，非常危险。

18）工具。

—为了便于在紧急场合使用，须熟悉千斤顶和各种工作的使用及它们的保管位置。

警告

⊙不要将千斤顶和工具放置于乘客舱内，在紧急停车或者车辆发生碰撞时，未固定的装备可能在车辆内飞起从而导致人员伤亡。

5.4.2　故障排除

（1）故障筛查。

● 不能启动发动机

—启动机不旋转或旋转缓慢

故障诊断	处理方法
启动开关保险或高电流保险丝熔断	更换
蓄电池电压不足	充电或更换蓄电池
蓄电池电缆脱落、松动及腐蚀	清洁腐蚀部位并确认安装
发动机机油黏度过高	更换适当黏度的发动机机油
启动机动作异常	到一汽红塔服务站维修
变速手柄未在空挡	挂到空挡
发动机故障指示灯亮	到一汽红塔服务站维修

—启动机不能正常旋转

故障诊断	处理方法
缺燃油	补加燃油并排除燃油管路中的空气
断油控制系统故障	检查控制线路、气路及机械部分
燃油系统混入空气	放出空气
燃油滤清器堵塞	更换滤芯
燃油冻结	用温水（60℃以下）加热燃油管
空气滤清器堵塞	清洁或更换滤芯
发动机预热时间不足	正确操作
发动机预热电路保险丝熔断	更换保险丝

● 可以启动发动机，但马上熄火

故障诊断	处理方法
怠速转速过低	到一汽红塔服务站调整
燃油滤清器堵塞	更换滤芯
空气滤清器堵塞	清洁或更换滤芯

- 冒黑烟

故障诊断	处理方法
空气滤清器堵塞	清洁或更换滤芯

- 发动机机油不上升

故障诊断	处理方法
发动机机油量不足	到一汽红塔服务站调整
发动机机油黏度不适	更换适当黏度的发动机机油
机油泵故障	检查机油泵

- 发动机过热

故障诊断	处理方法
散热器前部附着异物	用软刷清扫
风扇皮带松弛	调整皮带张力
冷却液不足	补充冷却液
风扇离合器失效	更换
水泵漏液	更换
调湿器失效	更换

- 机油油耗过多

故障诊断	处理方法
使用不合适机油	更换符合要求的发动机机油
发动机机油过多	加入适量、测量
漏油	检查润滑系统，排除松动漏油的地方
发动机机油更换时间间隔过长	立即更换发动机机油

● 燃油消耗过多

故障诊断	处理方法
有燃油泄漏	检查燃油系统，排除松动漏油的地方
空气滤清器堵塞	清洁或更换滤芯
轮胎气压不足	按规定气压调整
离合器打滑	调整离合器踏板自由行程 15～25mm

● 汽车动力性不足

故障诊断	处理方法
未解除变速操纵杆	解除变速操纵杆
空气滤清器堵塞	清洁或更换滤芯
离合器打滑	调整离合器踏板自由行程
燃油系统混入空气	排空气
燃油泵工作不正常	检查、调整
中冷器漏气、堵塞	检查、清洗、更换

● 增压器故障
—增压器故障（增压器出现异常振动和噪音）

故障诊断	处理方法
增压器连接螺钉松动	修复或整台更换
叶轮外弧与壳体间隙消失或偏向一侧，产生摩擦	修复或整台更换
与增压器连接管局部漏气而产生噪音	修复或整台更换
进入异物打坏叶轮造成动平衡破坏	修复或整台更换

—增压器故障（发动机功率降低或冒黑烟）

故障诊断	处理方法
空气滤清器堵塞，进气量减少，增压压力下降	清洗空气滤清器
进气通道堵塞或压气机叶轮与壳体通道内腔油垢过多	清洗
涡轮后排烟管堵塞，背压过大，造成增压器转速降低	针对故障排除
增压器进油管断油，使浮环轴承烧毁造成增压器转速降低	需整台更换
压气机出口管或涡轮进气口管漏气，使增压压力过低	针对故障排除

一增压器故障（增压器漏油）

故障诊断	处理方法
压气机进口阻塞，真空度过大	清洗空气滤清器
回油管阻塞	排除阻塞
发动机惰转时间过长造成低速排机油	低速惰转时间缩短
密封环与槽严重磨损失去密封作用或密封环断裂	更换零件

一增压器故障（转子转动不灵活）

故障诊断	处理方法
密封环断后碎片摩擦	换密封环
压气机叶轮与壳体吸入油雾过多造成油垢积聚	清洗
浮环轴严重磨损	换零件

● 制动系统故障
一制动力不足（制动时空气压力表指针下降）

故障诊断	处理方法
制动气室皮膜破损或因卡箍未卡紧皮膜翻边造成漏气	更换皮膜，紧固卡箍
制动阀至各制动气室管路漏气	检查各管路接头
制动阀阀座损坏	更换阀座

一制动力不足（制动时空气压力表指针无明显下降）

故障诊断	处理方法
制动蹄摩擦片与制动鼓间隙过大	重新调整间隙
制动蹄摩擦片表面被油沾污	清洗
制动阀调整不当	重新调整
制动蹄支承销或制动凸轮轴咬死	润滑
制动鼓失圆度过大，制动蹄摩擦片贴合不良	校正并磨合

—制动性能不良

故障诊断	处理方法
前轮中有一只制动器发咬或一侧减震器失效	调整制动间隙或更换减震器
前钢板弹簧错位或折断，前轴弯曲变形	检查前簧总成，校正或更换
凸轮支架或蹄片锈蚀	清除锈蚀并进行清洗
制动气室皮膜、管路和接头处漏气	换皮膜，检查各出气孔是否漏气并及时消除
制动排气阀漏气	更换阀座
制动管路中有油污或结焦	进行清洁使其通畅
制动阀进气迟缓	检查进气阀开度

—制动无"点刹"

故障诊断	处理方法
制动阀平衡弹簧不当或弹簧变软	重新调整或更换
制动蹄支承销生锈转动不灵活	除锈、润滑

—制动发咬

故障诊断	处理方法
制动蹄摩擦片碎裂	更换摩擦片
制动蹄摩擦片与制动鼓间隙过小	重新调整
制动阀调整不当	重新调整

—放松制动后制动不能及时解除（排气慢）

故障诊断	处理方法
制动阀摇杆挺杆间无间隙	重新调整
制动阀导向座锈蚀发卡	除锈
制动阀座橡胶压印变形或脱落	更换

—放松制动后制动不能及时解除（排气正常）

故障诊断	处理方法
制动凸轮轴在两个支架上不同心	重新调整
制动蹄支承销发卡	润滑

一制动时空气压力表指针突然下降

故障诊断	处理方法
制动阀阀座卡住	重新调整
制动管路或皮膜突然破裂	更换

一气压上不去

故障诊断	处理方法
空气压缩机皮带太松，打滑或折断	调整或更换
空气压缩机阀座松动、阀门发卡或损坏	调整或更换
储气筒放水开关漏气	关闭
储气筒单向阀发卡、打不开	可用扳手轻轻敲击单向阀体
气制动的零部件或管路漏气	调整或更换

一前轮跑偏

故障诊断	处理方法
制动气室推杆行程太小，调整压力太低	调整推杆长度
蹄片烧结或粘有泥土、水、油污	用碱水进行清洗

一制动跑偏

故障诊断	处理方法
左、右轮胎气压不均	调成规定气压
各车轮制动鼓变形，使摩擦片接触不良	调整
轮胎偏磨	更换轮胎
轮胎偏载	均匀载荷

一驻车制动故障及排除

故障诊断	处理方法
驻车制动蹄片与制动鼓间隙大	上、下间隙均为 0.65mm
制动鼓和蹄片上有油污	清洗
摩擦片过度磨损	更换

- 转向系统故障

—转向盘操作沉重

故障诊断	处理方法
货物偏载于前侧	均匀载荷
前轮胎气压不足	调成规定气压
前轮前束不对	调整前束
转向器、转向节销、转向节止推轴承、球销处缺油或调整过紧	补充转向油重新调整
动力转向油液变脏	建议到一汽红塔服务站换油，清洗转向器、转向泵

—转向盘不回位

故障诊断	处理方法
各部位润滑脂不足	补充润滑脂

—转向盘摆动

故障诊断	处理方法
车轮螺母松动	用规定扭矩拧紧
轮胎气压不足	调成规定气压
轮胎偏磨	更换轮胎
车轮不平衡	到一汽红塔服务站调整
转向拉杆球销松旷	更换
前轮定位参数不正确	到一汽红塔服务站调整
前轴变形	用仪器检查并校正前轮定位参数
前轴骑马螺栓松动	前簧摆正后重新紧固

- 传动轴故障

—传动轴发响、抖动

故障诊断	处理方法
万向节过度磨损	调整十字轴的安装方向或更换万向节
传动轴弯曲变形	校直或更换
凸缘连接螺栓或中间支承固定螺栓松动	拧紧

一中间支承过热

故障诊断	处理方法
中间支承橡胶套损坏	更换
缺少润滑油	清洁后及时加注
轴承油封过紧	行使一段时间、自行消除
润滑油不足	定期加注润滑油

● 悬挂机构的故障

一钢板弹簧折断

故障诊断	处理方法
装载过重或偏位	按规定装载，轴荷分配合理
紧急制动太频繁，钢板卡子松动或折断	避免紧急制动
骑马螺栓松动，钢板卡子松动或折断	拧紧骑马螺栓，拧紧卡子或更换钢板弹簧
减振器失效	检修或更换
行车中出现噪声	检查并更换损坏的悬架机构

一减振效果不佳

故障诊断	处理方法
缺少减振液	按规定加足
未按期保养	应定期保养

● 车轮的故障

故障诊断	处理方法
轮胎的气压过高或过低	按规定充气
超载过多或装载不均	按规定装载
轮毂轴承松旷	调整
前轮前束不对	校正到1~3mm
紧急制动，骤然加速过于频繁	平稳驾驶，不要开快车
未按期将轮胎更换	按期将轮胎交叉换位

- 后桥故障

—后桥发响

故障诊断	处理方法
主减速器间隙过大或过度磨损	调整间隙为 0.15~0.25mm，磨损过大予以更换
差速器十字轴过度磨损	更换
圆锥轴承过度磨损或松动	调整或更换轴承

—后桥发热

故障诊断	处理方法
主被动齿调整间隙过紧	重新调整

- 离合器故障

—离合器打滑

故障诊断	处理方法
摩擦片过薄、铆钉外露或有油污	清洗干净或铆接新摩擦片
膜片弹簧压力不足	更换
踏板自由行程太小	调整到 15~25mm
汽车超载过多	按规定装载
未用低档起步	用低档起步
开车时，脚放在离合踏板上	改掉不良习惯

—离合器分离不彻底

故障诊断	处理方法
踏板自由行程太大	调整到 15~25mm
内外锁圈磨损或断裂	更换
波形开裂或变形	更换
减振弹簧断裂	更换

—离合器发抖

故障诊断	处理方法
汽车超载过多	按规定装载
未用低档起步	重车时用一档起步
分离轴承缺油、损坏	清洗、润滑或更换
离合器的波形片开裂、摩擦片破损、铆钉松动、减振弹簧开裂或减振阻尼破损	更换

- 变速器故障

—变速器发响

故障诊断	处理方法
齿轮过度磨损、啮合间隙过大	检查，视情况予以更换
中间轴、第二轴过度磨损	检查，视情况予以修复或更换
轴承松旷	调整，视情况予以更换
齿轮油量不足	加足油量

—变速器自动跳档

故障诊断	处理方法
同步器散架、损坏	调整或更换
结合齿长度方向损坏	更换
轴承磨损影响齿轮啮合	调整、检修或更换

—变速器挂挡困难

故障诊断	处理方法
离合器分离不彻底	调整离合器及踏板行程
变速操纵拉索卡住	校正或更换
拨叉在变速器盖内卡渍	调整、检修或更换

- 后处理故障

—后处理（SCR + DPF）

故障诊断	处理方法
（SCR+DPF）不工作	调整、检修或更换

一后处理（DOC＋SCR）尿素箱故障及排查方法

故障诊断	处理方法
尿素箱缺少尿素	检查整车仪表盘液位显示屏→添加尿素溶液→检查整车仪表盘液位显示是否恢复正常
尿素箱中尿素温度过高	连接诊断软件并读取故障代码，查找是否有相关故障
	检查发动机冷却液通过加热电磁阀的方向是否正确
	万用表测量加热电磁阀电阻值，正常范围值为（10～60）Ω
系统预注或建压失败	检查尿素管路与尿素泵接口处有无损坏、泄漏
	检查尿素箱液位是否正常
	检查尿素液位温度传感器滤清器和尿素管路是否堵塞
	检查尿素泵接口是否堵塞

● 电气故障
一车灯不亮

故障诊断	处理方法
灯泡断丝	更换灯泡
片式熔断器熔断	更换规定安培数的片式熔断器
断路或接地不良	到一汽红塔服务站调整

一ABS 指示灯常亮

故障诊断	处理方法
在行车过程中，因轮速不一致导致 ABS 指示灯亮	可通过停车后关点火开关清除，如此法不能清除，请到一汽红塔服务站检查、维修

一喇叭连响

故障诊断	处理方法
连线有误	到一汽红塔服务站调整
线路内搭铁，弹簧失效	拆开检查，更换

一发动机故障指示灯常亮

故障诊断	处理方法
发动机发生故障	发动机故障指示灯亮请到一汽红塔服务站检查、维修

一蓄电池电解液损耗过快

故障诊断	处理方法
充放电电流过大，电解液蒸发或溢出	按蓄电池冲放电特性调整电流大小
蓄电池有渗漏处	更换蓄电池

一蓄电池容量不足

故障诊断	处理方法
新蓄电池未经充电循环，未充到规定容量	按规定充足电量
发电机不充电或充电不足	检修接头，排除障碍

一蓄电池屡次放电

故障诊断	处理方法
蓄电池接头脱落、松动或腐蚀	清洁腐蚀部位并拧紧接头
风扇皮带松弛	调整皮带张力
蓄电池液不足	补充电解液
蓄电池已到寿命	更换
怠速转速过低	建议到一汽红塔服务站调整
仅在夜间行车	给蓄电池充电
开关停在 ON 挡停放车辆	应关闭开关
蓄电池输出线搭铁处短路	清洁输出，排除短路故障
极板之间短路	检修
隔板损坏或击穿	检修
蓄电池外部不清洁，电解液中混有金属杂质	清洁外部，拧紧蓄电池防护罩，必要时更换电解液
部分灯光未关闭到位停车	停车时确保所有用电器关闭
发电机故障或充电线脱出	到一汽红塔服务站调整及维修

● 经典系列液压系统
一油缸外部漏油

故障诊断	处理方法
内部泄漏过大，压力达不到要求	更换密封圈，消除泄漏
挡圈严重擦壁，甚至咬合	更换挡圈

—压力失常或无力

故障诊断	处理方法
油泵吸空，油生泡沫	更换液压油，按规定加注
系统内有空气	排出空气
油泵端面磨损，内部泄漏	更换油泵
气源压力不足，阀未完全打开	轻踩油门，提高发动机转速

—举升无力或动作迟钝

故障诊断	处理方法
活塞杆碰伤，拉毛	更换活塞杆
密封件损坏或损伤	更换密封件

—油缸推力不足

故障诊断	处理方法
空气侵入	排除空气
阀关闭不严	更换

（2）驾驶员日检项目。

1）外部。

—检查轮胎的充气压力是否正常，有无损伤。

—检查车轮螺母是否松弛。

—检查钢板弹簧是否损伤。

—检查各车灯是否正常工作。

—检查蓄电池液槽里的电解液液位是否正常。

2）驾驶室内部。

—检查转向盘的自由转动量是否正常，转向盘螺母是否松动。

—若驻车制动采用断气刹，请检查驻车制动器操纵杆的行程是否正常。

—检查喇叭、挡风玻璃、刮水器和转向信号灯能否正常工作。

—检查各仪表指示灯能否正常工作。

—检查燃油表所指示的燃油箱内油位是否正常。

—检查后视镜的调整角度是否合适。

—检查储油杯内的制动液、离合器液的液位是否正常。

—检查挡风玻璃洗涤器储液箱内的洗涤液位是否正常。

—检查车门锁紧机构能否正常工作。

—检查离合器踏板的自由行程和高度是否正常，能否正常动作。

3）发动机室内部。

—检查发动机机油油位是否正常。

① 发动机检查孔盖。

—如需要详细观察发动机时，可折叠起副驾驶员座椅，再解开搭扣后把整个座椅向后翻起，以检查和调整发动机。

② 发动机检查孔副盖。

—如需要进一步靠近发动机室时，可抬起驾驶员座椅后，拆卸发动机。

③ 检查孔副盖。

—检查风扇皮带的张紧程度是否合适。

—检查发动机冷却液的液位是否正常，散热器注水口盖是否松弛。

④ 发动机运转之后。

—在发动机运转时，充电指示灯和油压指示灯应该熄灭。

—检查制动踏板的自由行程和高度是否正常。

—检查发动机有无异常噪音，排气颜色是否正常。

—检查发动机运转时有无故障。

4）汽车驾驶。

起动发动机之前

—锁好所有门窗，按下内锁按钮。

—调节座椅位置。

—调节车内、外后视镜。

—系紧安全带。

5）停放车辆。

停熄发动机

—把起动开关拧到"ACC"（附件）或"LOCK"（锁固）的位置。

—检查灯光开关和转向信号灯开关是否处于断开状态，对于大灯、危险警告灯和示宽灯，即使起动开关处于断开状态也能操作。

—气制动车型起步前观察车辆仪表气压指示针，是否达到车辆起步气压值 650kPa；行驶过程中，气压值需达到储气筒额定工作气压 750kPa。

（3）车身电气布置示意图。

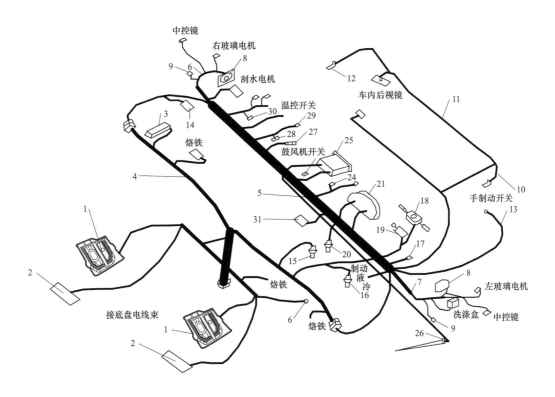

中控镜
右玻璃电机
刮水电机
温控开关
车内后视镜
烙铁
鼓风机开关
手制动开关
接底盘电线束
烙铁
烙铁
制动液冷
左玻璃电机
洗涤盒
中控镜

1. 前组合灯总成
2. 前雾灯总成
3. 保险丝盒带继电器总成
4. 驾驶室附加电线束总成
5. 驾驶室电线束总成
6. 右车门附加线束总成
7. 左车门附加线束总成
8. 立体声喇叭
9. 侧转向灯总成
10. 门灯开关
11. 顶灯电线束
12. 顶灯总成
13. 手制动附加线
14. 诊断插座支架总成
15. 离合、油门踏板开关
16. 电子油门踏板总成

17. 调光开关总成
18. 组合开关总成
19. 点火开关总成
20. 四芯制动开关
21. 组合仪表总成
22. 无
23. 无
24. 危险报警灯开关总成
25. MP5/MP3（选）
26. 收放机天线总成
27. 备用电源插座总成
28. DPF 禁止再生开关总成
29. DPF 开关总成
30. 车身控制器总成
31. 车载终端总成

图 5-142　车身电气布置示意图

解放霸铃 V6 系列整车技术参数表

车辆型号	前轮距	后轮距	长	宽	高	货厢长	货厢宽	货厢高	轴距	弹簧片数	轮胎规格	总质量	额定装载质量	整备质量	轴荷	驱动形式
CA1010K3LE6	1358, 1385	1380	4760,5105,5510	1890	2070,2210,2380,2480	3020,2570,3370,2920,3770,3320	1800	368	2400,2600,2860			3605	1495	1980	1305/2300	后轮驱动
CA1040K3LRE6	1358, 1385	1380	5105,5510	1890	2070,2210,2380,2480	2420,2815	1800	368	2600,2860			3800	1495	1980	1375/2425	
CA5040XXYK3LE6	1358, 1385	1380	4760,5105,5510	1910	2600,2650	3020,2570,3370,2920,3770,3320	1800	1700	2400,2600,2860			3925	1495	2300	1420/2505	
CA5040XXYK3LRE6	1358, 1385	1380	5105,5510	1910	2600,2650	2420,2815	1800	1700	2600,2860	4/5+ 23/3*3	6.00-15LT10PR6.00R 15LT10PR 6.50-15LT10PR	3925	1300	2300	1420/2505	
CA5040CCYK3LE6	1358, 1385	1380	4760,5105,5510	1890	2600,2650	3020,2570,3370,2920,3770,3320	1800	368	2400,2600,2860			3825	1495	2200	1385/2440	
CA5040CCYK3LRE6	1358, 1385	1380	5105,5510	1890	2600,2650	2420,2815	1800	368	2600,2860			3925	1400	2200	1440/2485	
CA5040ZXXK3LE6	1358, 1385	1380	4440,4700	1835	2000,2100				2400,2600			4130	1900	2100	1520/2610	
CA3050K3LE6	1361	1380	4760,4770,5105,5110	1890	2020,2120	3020,3370,2570,2920	1800	368,400	2400,2600			4570	1970 2140	2470 2300	1650/2920	
CA3070K7L2E6-1	1430	1445	5050,5060,5350,5360	1890	2080,2120,2120,220	3200,3500,2800,3100	1800	450,600,650,800	2660,2860	8/8+ 59/ 10+53/ 7+6	7.00-16LT14PR7.00R1 6LT14PR	7360	4380 41804030	2850 3050 3200	2640/4720	
CA3070X7L2RE6-1	1430	1445	5475,5485	1890	2080,2120,2120,220	2760	1800	400	2860			7360	4235 4135	2800 2900	2640/4720	

注：单排、排半驾驶室载客人数 2 人；双排驾驶室载客人数 5 人。

解放霸铃 V6 系列整车性能参数表

车辆型号	发动机型号	轴距	综合消耗（L/100km）	最高车速（km/h）	最大爬坡度（%）	排放水平
CA1040K3LE6	D20TCIF 14	2400,2600,2860	9.5	95		
CA1040K3LRE6		2600,2860	9.5	95		
CA5040XXYK3LE6		2400,2600,2860	9.5	95		
CA5040XXYK3LRE6		2600,2860	9.5	95		
CA5040CCYK3LE6		2400,2600,2860	9.5	95		
CA5040CCYK3LRE6		2600,2860	9.5	95	≥30%	国Ⅵ
CA5040ZXXK3LE6	D20TCIF14	2400,2600	10.2	95		
CA3050K3LE6	D20TCIF14	2400,2600	12.1	95		
CA3070K7L2E6-1	YCDV 2561-115	2660,2860	15.6、16	85		
CA3070K7L2RE6-1	YCDV 2561-115	2860	15.6、16	85		

解放霸铃 V6 系列发动机性能参数表

发动机型号	最大净功率/转速（kW）/（r/min）	额定功率/转速（kW）/（r/min）	最大扭矩/转速（N·m）/（r/min）	发动机铭牌位置	发动机缸体号位置
CA4DB1-13E6	93/3200	95/3200	350/1600～2400	缸体后端	气缸体左侧前下部
D20TCIF 14	70/3200	75/3200	250/1200～2800	缸盖上方	气缸体右侧后下部
Y CDV 2561-115	80/3000	85/3000	320/1400～2400	缸盖上方	气缸体左侧中下部

随 车 工 具 明 细

序号	名称	数量	备注
1	随车工具袋	1	●
2	车轮螺栓螺母套筒扳手	1	●
3	备胎架手柄总成	1	▲
4	前轴头扳手	1	▲
5	锁紧螺母扳手	1	▲
6	轮毂轴承螺母套筒扳手	1	▲
7	圆头锤	1	▲
8	两用起子总成	1	▲
9	钢丝钳（鲤鱼钳）	1	▲
10	活动扳手	1	▲

序号	名称	数量	备注
11	反光背心	1	●
12	液压千斤顶	1	●
13	撬棍	1	▲
14	三角警告牌	1	●
15	停车楔	2	●

注：▲选配，配备的工具仅装配于特定车型上；●标准配置。

第6章

多功能线缆牵引车操作与应用

6.1 设 备 简 介

6.1.1 用途简介

多功能线缆牵引车，又称作线缆敷设系统，主要用于高压电缆的牵引和敷设，本车型分为两种，第一种为高压电缆智能敷设系统，第二种为智能线缆敷设系统，本章着重介绍第一章车型高压电缆智能敷设系统。

高压电缆智能敷设系统是一套覆盖高压电缆敷设全过程，系统高度集成、智能的电缆敷设系统。高压电缆智能敷设系统加入了大量的高精度传感器，可实时监测电缆敷设时电缆所受的拉力、夹紧力、侧压力以及设备的运行状态等数据，同时可与监控视频来判断电缆的敷设状况，且支持各监测数据上下限报警，并在超出没定的安全阀值时，系统自动输出控制信号，使所有敷设设备停止，即时保障电缆的安全。电缆敷设过程中各项重要监测数据都会进行保存，为后续的电缆敷设质量评估，异常分析提供溯源基础。本系统从根本上解决了传统电缆敷设过程中电缆敷设质量全凭施工人员经验，后期质量评估、异常原因分析缺乏切实根据，出现故障无法及时停止敷设，排查工作量大等实际难题。

每台设备均有唯一标识的二维码铭牌，通过 App/PDA 扫描设备二维码，可在敷设系统软件平台线路图界面生成设备部署线路图；可动态实时显示电缆敷设过程中电缆所受的拉力、夹紧力、侧压力以及设备的运行数据，通过设备间的进度条可实时动态显示电缆的敷设进度。在输送机、电缆转弯处、电缆盘等重要位置布置视频监控装置，实现敷设过程的监控、记录。可通过监控电缆敷设的状态以及数据指导电缆敷设的施工；电缆敷设后提供过程监测数据及施工图像。

6.1.2 功能特点

（1）具备采集数据自动分析，超限自动报警功能；当设备采集数据超出设定值时，电缆智能敷设系统平台可以自动发出报警信号，在电缆智能敷设系统平台软件界面上提示报警信息，帮助现场人员及时发现与定位故障设备。

（2）采集数据超限自动报警停机；当设备采集数据超限时，电缆智能敷设系统平台软件将提示报警信息，发出报警信号的同时可输出控制信号，及时切断敷设设备动力电源，避免电缆受到损伤。

（3）电缆智能敷设系统平台可用于管理电缆敷设工程、电缆敷设设备、模拟展示电缆敷设设备布置线路图，实时展示智能敷设设备的采集数据。

（4）电缆敷设完成后，可导出工程完工报告，报告中体现工程信息、设备信息、采集信息、故障信息，可为后期的电缆运维提供数据支撑。

（5）电缆智能敷设系统平台带负载能力强，可带负载60kW，所有设备采用同一输出电源，控制同步。

6.1.3 技术参数

设备型号	XZNZK
电源（V.AC）	380（中性点接零，柜体接地）
额定负载功率（kW）	60
重量（kg）	292
外形尺寸（mm）（长×宽×高）	1250×1050×1790

6.1.4 关键部件简介

电缆智能敷设系统主要由智能控制子系统（包括侧压力测控子系统、电动滑车子系统、拉力测控子系统、输送机测控子系统、电缆电动展放装置测控子系统等）、视频监控系统、智能敷设系统平台等组成。各监测装置对设备关键技术数据进行采集，通过以太网与智能敷设控制系统平台进行通讯，智能敷设系统控制平台将实时值与设定值进行比较，超限则输出报警，并同时停止所有敷设动力设备。智能控制系统每一个子系统都是一个独立组成部分可统一由智能敷设系统平台控制管理，也可以单独使用。同时本系统能够与常规输送机控制系统配合使用，见图6-1。

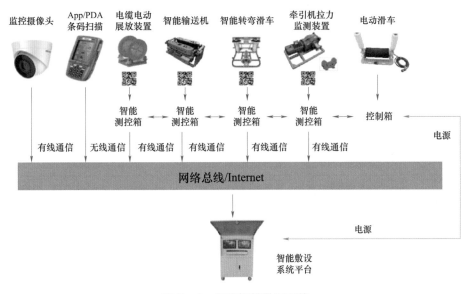

图 6-1　电缆智能敷设系统

6.1.5　使用条件

操作者在进行电缆电动展放装置操作时，应对工程实际外部条件进行校验、核对，确保实际外部条件符合设备正常使用条件，不违规、不超限，确保施工安全。

（1）正常使用条件。

1）电动展放装置的电源为三相交流（三相四线制），频率为 50 赫兹，输入电压 380V。供电系统在电线接入处的电压波动不应超过额定电压的 ±10%。

2）电动展放装置使用地点的海拔不超过 1000m，海拔超过 1000m 可特殊定制。

3）电动展放装置工作时的气候条件：

环境温度，−20℃～+40℃，在 24h 内的平均温度不超过 +30℃，在 +40℃ 的温度下相对湿度不超过 50%；天气晴朗，无雨雪、雷暴、台风等恶劣天气；工作风压不应大于 150Pa（内陆：相当于 5 级风），沿海 250Pa（相当于 6 级风）；非工作状态的最大风压，一般为 800Pa（相当于 10 级风）。

4）工作场所的地面要求平坦清洁，不应有坑沟孔洞等，不得有水渍油污。硬化地面均匀载荷大于 10kN/m²，无沉降。

5）夜间施工，除采用全面混合照明外，还应根据不同操作条件增设照度足够的局部照明装置，照明布置应避免产生工作现场眩眼。

6）作业环境中不得有易燃、易爆及腐蚀性气体。

7）设备工作时，电缆盘 5 米以内严禁站人，设置安全标志和明显的指示牌。

（2）特殊使用条件。

凡不满足上述正常施工条件之外的特殊条件，在施工前与技术部门沟通，勘察施工现场或者与厂家技术人员进行咨询，确认是否可行。以避免由于工况条件不具备而导致设备无法达到标准的施工状态，规避由此可能造成的风险和损失。

（3）应用优势。

1）智能检测系统。

高压电缆智能敷设系统加入了大量的高精度传感器，可实时监测电缆敷设时电缆所受的拉力、夹紧力、侧压力以及设备的运行状态等数据，同时可与监控视频来判断电缆的敷设状况，且支持各监测数据上下限报警，并在超出没定的安全阀值时，系统自动输出控制信号，使所有敷设设备停止，即时保障电缆的安全。

2）远程监控系统。

本装置应用互联网链接，加入了智能监控系统，在线缆敷设时，可以进行实时的近距离和远程监控，保障线缆输送无异常，同时，本装置运用大量的传感器，可以感应设备运行过程中的全过程，有异常情况，系统自动作出回应，操纵人员可在第一时间采取应急措施。

6.2 系统及结构介绍

6.2.1 智能敷设控制系统平台

智能敷设控制系统平台是整个高压电缆敷设系统的控制核心。所有子系统的采集参数最终都通过以太网通信的方式汇总到智能敷设控制系统平台，由其来进行分析与处理；智能敷设控制系统平台可以实时监控各子系统设备的运行状态与采集数据，若在电缆敷设过程中，采集数据（电流、侧压力、夹紧力、拉力、速度等）超出安全阈值或某一设备出现故障，平台将会立即下发指令，停止所有敷设设备，保护电缆安全。

智能敷设控制系统内电缆智能输送机、侧压力监测装置、电缆电动展放装置、拉力监测装置、电动滑车等所有敷设设备电源控制采用同一控制回路，实现输送机、牵引机、电动展放装置的电缆输送同步控制，采用人工或控制系统输出控制方式切断控制系统，实现敷设动力设备的停止。系统平台通过设定的安全阀值与各子系统数据对比，并在数据超限时，输出控制指令，对设备进行控制，保证电缆敷设出现故障时设备停止的及时性；智能敷设控制系统平台可选择多种操作模式：

➤ 手动模式，可单台或选择多台启动，调试方向时使用；
➤ 联动模式：所有敷设动力设备同时启/停，全线正/反切换；
➤ 自动模式：电缆到达本机时自动启动，电缆离开本机后自动停止。具备在各子系统测控箱一键急停，同时停止所有敷设动力设备；

具备设备通信在线监测，如智能敷设控制系统检测到设备不在线，将输出报警信号并使整个敷设系统设备停止；智能敷设控制系统接受系统软件平台的操控，但不依赖于系统软件平台运行；若系统软件平台因故不能使用，可由智能敷设控制系统控制继续工作，对整个电缆敷设施工过程不产生影响。

产品型号	XZNZK
电源（VAC）	380
定额负载（kW）	60（可根据需求定制）
外形尺寸（mm）（长×宽×高）	1250×1050×1800
重量（KG）	292

● 通过 App/PDA 扫描设备二维码，可在敷设系统软件平台线路图界面生成设备部署线路图；可动态实时显示电缆敷设过程中电缆所受的拉力、夹紧力、侧压力以及设备的运行数据；通过设备间的进度条可实时动态显示电缆的敷设进度，并支持数据导出；

图 6-2　系统控制界面

● 可实时监测电缆敷设过程中电缆所受的拉力、夹紧力、侧压力以及设备的运行状态等数据，并可同时与监控视频来判断电缆的敷设状况；而且各监测参数支持上下限报警，并在超出设定的安全阀值时，系统自动输出控制信号使所有敷设设备停止；

● 电缆敷设过程中各项重要监测数据，可进行实时保存和分析，自动生成施工报告，为后续的电缆敷设质量评估，异常分析提供数据基础。

6.2.2 视频监控系统

● 摄像头采用 POE 供电，省去另外布置电源线的麻烦，同时实现信号与电源的传输；

● 200 万像素，30 米红外夜视，防水防尘高清摄像头，角度可调，完美适配隧道恶劣环境；

● 采用磁吸式固定底座，安装使用便捷；

● 在输送机、转弯位置、电缆盘等重要位置布置高清摄像头，监控电缆敷设的过程，为电缆敷设后期质量评估、异常原因分析提供视频图像依据。

监控系统图

图 6-3 高清摄像头智能敷设系统视频监控界面

6.2.3 电缆电动展放装置

● 电缆电动展放装置包括展放机、控制系统和排缆机等，具有电缆电动展放和回收双重功能，适合不同盘径和宽度的电缆盘，也可根据需要选择驱动装置与控制系统单独使用；

● 在电缆敷设过程中实时监测电缆的展放速度，并可实时显示，系统可将速度的实时值与设定值进行比较，并自动调整输出电源频率，稳定展放速度；

● 可根据电缆盘宽度、电缆盘外径和电缆外径等参数修改控制系统设置，使电缆排缆装置同步移动，保证电缆展放同步进行；

● 本产品仅适用于钢制电缆盘，可通过电动调节和不同的标准节来与不同宽度的电缆盘适配电缆电动展放装置控制系统可单独使用，也可与智能输送机控制系统配合使用，同步动作。

（1）设备外形。

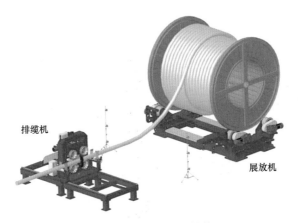

排缆机

展放机

图6-4　电缆电动展放装置

（2）技术参数。

产品型号		JFL-50-I
额定承载（T）		50（可根据需求定制）
适用电盘最大外径（mm）		4300（可根据需求定制）
适用电缆盘最大宽度（mm）		5500（可根据需求定制）
适应电缆外径（mm）		Φ48—Φ200（可根据需求定制）
驱动轮线速度（min）		0-15（可调）
电源（VCA）		380
功率（kW）	展放机	18
	排缆机	7.5
外形尺寸（mm）（长×宽×高）	展放机	3000×6550×1310
	排缆机	5360×2235×2360
重量（t）	展放机	10
	排缆机	5

6.2.4　智能输送机测控系统

● 实时监测输送机电机电流、电缆所受夹紧力：当输送机电机电流、电缆所受夹紧力超限时报警，输出控制信号停止敷设设备；

● 输送机上安装的激光对射光电传感器可实时监测电缆到达信号，当电缆到达该设备时，可在敷设系统平台上以进度条的形式，实时显示电缆的敷设进度；

● 输送速度恒定，可正反转。

（1）设备外形。

图 6-5　智能输送机

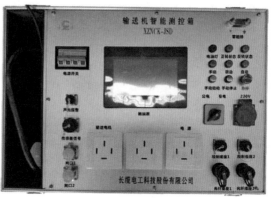

图 6-6　电缆智能输送机智能测控箱

（2）技术参数。

电缆智能输送机型号		JSD-5C-ZN	JSD-8-ZN
输送机智能测控箱型号		XZNCK-JSD	
输送电缆直径（mm）		Φ48-Φ180	Φ48-Φ180
额定输送力（kN）		5	8
输送速度（m/min）		6	
电源（VAC）		380	
功率（kW）		0.75×2	1.1×2
夹紧扭矩（N·M）		50	
夹紧力测量范围（kN）		0-6	
电流测量范围（A）		0-5	
电缆智能输送机重量（kg）		180	270
输送机智能测控重量（kg）		22	
外形尺寸（mm）（长×宽×高）	电缆智能输送机	1015×585×425	1238×680×475
	输送机智能测控箱	640×450×270	

6.2.5　智能转弯滑车

● 带两组高精度轴销式压力传感器，可实时监测电缆转弯处、进入隧道的落水架处电缆所受到的侧向压力，压力超限时报警，输出控制信号，停止所有敷设动力设备；

- 能够直观地显示电缆转弯时所受到的侧压力，便于调整现场布置；
- 每台侧压力智能测控箱可接 4 台智能转弯滑车，可接入 8 路传感器数据。

（1）产品外形。

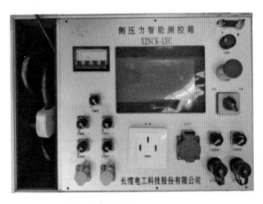

图 6-7　智能转弯滑车侧压力智能测控箱

（2）技术参数。

智能转弯滑车型号		ZCL-180-ZN
侧压力智能测控箱型号		XZNCK-LYC
外形尺寸（mm） （长×宽×高）	智能转弯滑车	690×439×430
	智能转弯滑车	520×400×270
重量（kg）	智能转弯滑车	27
	侧压力智能测控箱	16
测量范围（kg）		0～1000
测量精度（FS）		0.5%
电源（VAC）		380
输出		声光报警、输出控制

6.2.6　拉力测控系统

- 在电缆敷设过程中检测牵引机输出的拉力情况，并实时显示；
- 当牵引机的拉力超限时报警，输出控制信号，停止敷设设备；
- 采用间接方式对钢丝绳进行拉力监测，满足隧道排管等复杂施工环境；本拉力监测装置与牵引机配套使用，同时配置有速度检测传感器，更好地对电缆敷设速度进行监测，并可在测控箱上显示记录电缆余缆敷设长度。

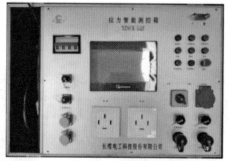

图6-8　拉力检测装置拉力智能测控箱

拉力监测装置型号	/	LQY-5-ZN
拉力测控箱型号	/	XZNCK-LQY
测量范围（kN）	/	0~50
适用钢丝绳外径（mm）	/	Φ13~Φ15
电源（VAC）	/	380
外形尺寸（mm） （长×宽×高）	拉力监测装置	510×195×280
	拉力智能测控箱	640×450×270
重量（kg）	拉力监测装置	27
	拉力智能测控箱	20
输出		声光报警、输出控制

6.2.7　电动滑车

● 内置输送电机提供输送力，其防护等级高；

● 采用电动滑车，使得在电缆敷设过程中的输送力分布性更好；

● 速度与输送机速度匹配，可正反转，可与智能测控箱或普通控制箱配套使用，配置可拆限位滑轮，更好的保护电缆，同时电缆进出电动滑车更为方便。

（1）产品外形。

图6-9　电动滑车

（2）技术参数。

产品型号	DHL－180－I
适用电缆外径（mm）	Φ48～Φ180
额定电压（VAC）	380
功率（W）	120
额定频率（Hz）	50
速度（m/min）	6
重量（kg）	19
外形尺寸（mm）（长×宽×高）	250×430×350

6.3　操　作　应　用

6.3.1　工作原理

根据电缆盘尺寸确定设备各部件安装的相对位置及标准尺寸，设备安装就位后，接通电源。然后吊入缆盘，将缆盘放置于驱动装置的驱动轮上。启动设备，取出电缆线头，通过点动控制，将电缆线头依次穿过光电感应装置、排线装置的导线架、输送机构，并接到牵引机上，准备就绪。然后，对控制程序进行参数设定，并将压紧机构压紧电缆自动启动。自动启动后，驱动轮进入工作状态，PLC 通过光电感应的信号，控制驱动电机，保证设定的线速度，匀速展放电缆。

电缆排放速度在自动模式下由对射光电感应开关控制，当电缆盘速度过快时，线缆下垂到光电感应开关下极限，电缆盘由 PLC 自动控制驱动电机减速，直到中位感应开关感应到线缆即停止减速，并保持匀速。当电缆盘速度过慢时，线缆下垂到光电感应开关上极限，电缆盘由 PLC 自动控制驱动电机加速，直到中位感应开关感应到线缆即停止加速，并保持匀速。从而实现自动调整放缆速度与前端输送机构速度一致。其控制流程图如下图：

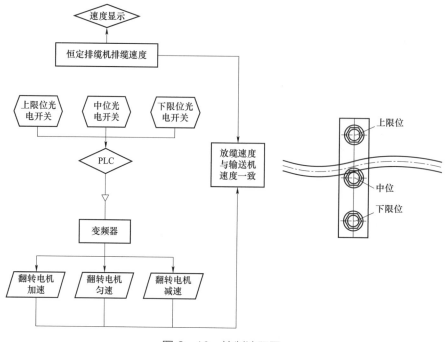

图 6-10　控制流程图

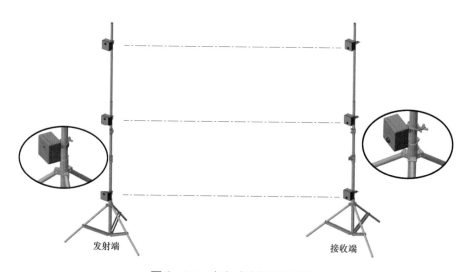

图 6-11　光电感应装置布置图

　　排缆装置上设置有旋转编码器和参考原点，排缆正反方向由 PLC（人工设置参数）控制。电缆压轮压紧机构采用电机丝杆压紧，丝杆中部安装有力传感装置可由 PLC 控制电缆压紧力。排缆控制流程图如下图：

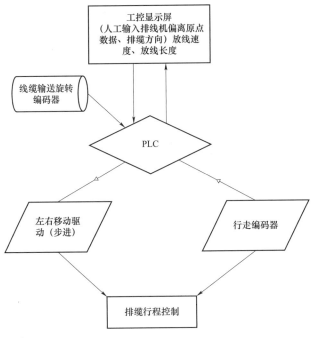

图 6－12　排缆控制流程图

6.3.2　安装说明

（1）设备运输。

采用 2.4m 宽、12.5m 长以上的货车整体输运方案如下图：

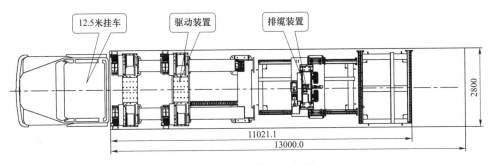

图 6－13　运输车示意图

（2）安装整体方案。

根据设备的使用条件要求，选择合适的使用场地。以下根据电缆盘直径 $\phi4300$ 为参照，设计的电缆电动展放装置三个部件驱动装置、光电感应装置、排缆装置的平面总布置图，三者之间以中心线均布。实际使用时，可适当调节相对位置。如图：

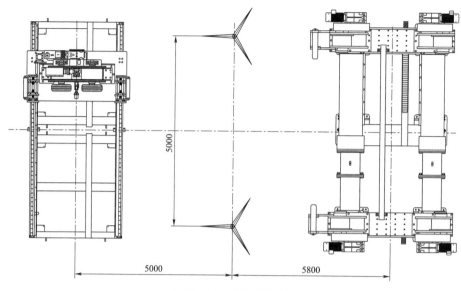

图 6-14 安装示意图

（3）排缆装置的安装。

根据设备的使用条件要求及总体布置图，确定排缆装置的安装位置。排缆装置放置平稳后，排缆装置结构示意图如下：

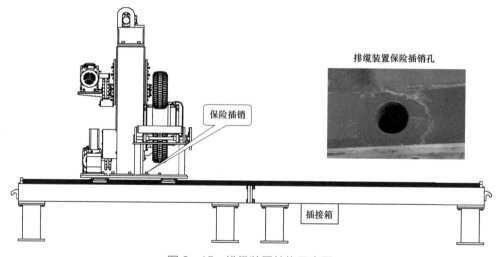

图 6-15 排缆装置结构示意图

➢ 排缆装置安装注意事项如下：

1）排缆装置须放置平稳，防止使用时产生偏载和不稳定，底座下用于矫平的垫块须采用钢板。

2）排缆装置运输时应将保险插销插入销孔中，启动时必须将保险插销移出。

（4）驱动装置的安装。

适应电缆盘宽度采用电动调节+标准节拼接。电动调节适应电缆盘最大宽度为4000mm；

电缆盘宽度超过 4 米使用时需根据电缆盘的宽度选择合适的标准连接节，以安装在驱动装置的左、右底座之间，保证电缆盘在驱动轮上运转时宽度合适，安全可靠。本电动展放装置配置了一套 600mm 和 900mm 标准节。亦可以根据特殊盘宽尺寸，另外定制标准连接节。

1）驱动装置布置。

本设备工作时对地面要求水平（角度不超过 3°），承重满足设备+电缆盘的承重要求。布置好后根据电缆盘的宽度电动调节至合适位置，同时可根据实际电缆盘外径以适配不同外径的电缆盘。

① 根据电缆盘直径调整两驱动轮之间的距离，可根据实际电缆盘直径，调整两驱动轮之间的固定螺栓位置，从而在一定范围内可适配不同直径的电缆盘。

A. 第一排固定螺栓位置，两驱动轮之间的距离 2500mm，适配电缆盘直径ϕ3150～ϕ3500；

B. 第二排固定螺栓位置，两驱动轮之间的距离 2700mm，适配电缆盘直径ϕ3500～ϕ4000；

C. 第三排固定螺栓位置，两驱动轮之间的距离 2900mm，适配电缆盘直径ϕ4000～ϕ4300。

② 电缆电动展放装置安装注意事项如下：

A. 驱动轮宽度为 260mm，内宽尺寸选择时，须大于电缆盘宽度，且保证盘沿与驱动轮充分接触，运行时不会产生过多偏载或滑落；

B. 各部件均通过螺栓与定位销连接。定位销是保证左右底座处于同一平面的关键辅助紧固件，须按规定安装；

C. 标准连接节与驱动轮安装完成后，应安装固定电缆支撑杆，并使用水平仪对底座进行校平，防止四个驱动轮不在同一平面，造成电缆盘运转时产生偏载或不稳定。底座下用于矫平的垫块须采用钢板。

③ 驱动装置结构示意图见图 6－16：

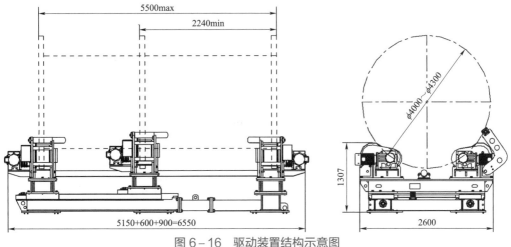

图 6－16　驱动装置结构示意图

④ 驱动轮螺栓固定示意图如下图：

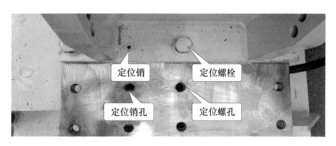

图 6-17　驱动轮螺栓固定位

⑤ 驱动装置安装注意事项如下：

图 6-18　驱动装置插销保险安装示意图

A. 驱动轮宽度为 260mm。内宽尺寸选择时，须大于电缆盘宽度，且保证盘沿与驱动轮充分接触，运行时不会产生过多偏载或滑落；

B. 各部件均通过螺栓与定位销连接。定位销是保证左右底座处于同一平面的关键辅助紧固件，须按规定安装；

C. 标准连接节安装完成后，应用水平仪对底台进行校平，防止四个驱动轮不在同一平面，造成电缆盘运转时产生偏载或不稳定。底座下用于矫平的垫块须采用钢板。

D. 驱动装置在运输时应将保险插销插入销孔中，宽度调整后务必插入保险插销，载入电缆盘后严禁启动电动盘宽调整装置。

⑥ 驱动装置标准节安装示意图如下图：

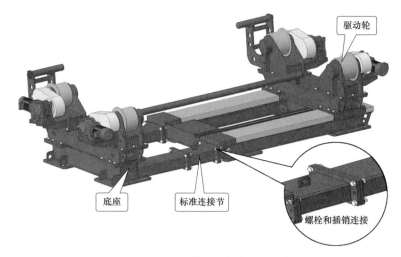

图 6-19　驱动装置标准节安装示意图

⑦ 按照以下接线示意图，对驱动装置进行线路连接。驱动装置左、右两侧之间及其与接线箱之间连线示意图见图 6-20：

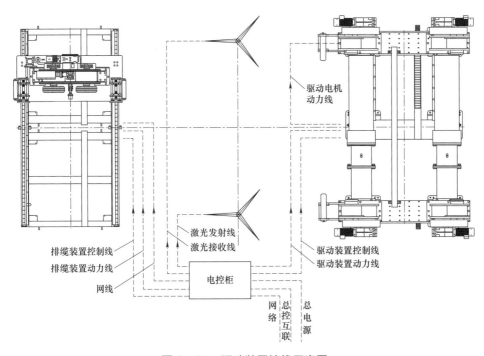

图 6-20 驱动装置接线示意图

2）电缆电动展放装置连线。

① 注意。

A. 电缆电动展放装置输入电源功率应大于额定负载功率，并留出适当余量，电缆电动展放装置额定负载功率 26kW。

B. 输入电源至少应单独采用 BXHF3 × 10 + 1 × 6mm² 电源线引至电缆电动展放装置控制柜，电源电压 380V/AC，中性点接零，电缆电动展放装置与控制柜外壳应使用接地线缆可靠接地。

C. 在进行电缆敷设前，请先确认电缆电动展放装置，动力线盘与光电复合缆线盘（如有）连接完成，然后对设备上电（如有智能总控，则需测试与智能敷设系统总控通信，IP 地址必须在同一网段内）；在将电缆电动展放装置转换至手动状态下时，对各电缆电动展放装置运转方向进行确认，并确保与输送设备输送方向一致。

② 设备连接。

A. 电源连接：安装时可根据负载功率大小，输电线路长度选择合适线径的电源线并使用电缆电动展放装置自带的 1 个 63A 的插头，自行制作电源连接线。然后将电源连接线五芯插头端凸起对准电控柜左侧接线面板的五芯插座端缺口插入，并旋动插头护盖连接至插座上，确认连接可靠。电缆电动展放装置控制柜接线面板如图6-18所示。

B. 上下柜体连线：打开电缆电动展放装置控制柜后柜门，如图6-21所示。将由上柜体引下来的动力电源线的四芯工业航空插头凸起部分对准右侧线轮上的四芯工业航空插座的缺口插入，并旋动插头护盖，使插头插座连为一体；然后将由上柜体引下来的控制线重型插头凸起部分对准左侧线轮上的重型插座的缺口插入，并锁好扣具。

C. 驱动装置连线：拉出右侧线轮上的动力电源线，然后将四芯工业航空插头凸起部分对准电缆电动展放装置接线处的四芯工业航空插座的缺口插入，并旋动插头护盖，使插头插座连为一体；拉出左侧线轮上的控制线，然后将重型插头凸起部分对准电缆电动展放装置接线处的重型插座的缺口插入，并锁好扣具；然后使用另一根两端都为重。

D. 型插头的控制线，一端连接到电缆电动展放装置的接线处，另一端连接到电缆电动展放装置另一侧的接线处，并锁好扣具；然后将声光报警器信号线插头插入声光报警器插座并锁紧。电缆电动展放装置两侧接线插座如图6-21所示，声光报警器如图6-22所示，电缆电动展放装置连线如图6-24所示。

E. 排缆装置连线：将排缆装置电源线（长度10m，两端带四芯工业航空插头），一端插入控制柜中的排缆装置电源插座上，另外一端插入排缆装置接线盒电源插座上；将排缆装置控制线（长度10m，两端带六芯航空插头），一端插入控制柜排缆装置控制插座上，另外一端插入排缆装置接线盒控制插座上；网络通过网线将控制柜与排缆装置上的网络接口连接。排缆装置接线盒插座如图6-26所示。

图6-21　控制柜插座面板图

图6-22　控制柜线轮图

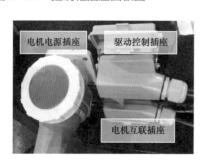

图6-23　驱动装置插座图

图6-24　驱动电机互联插座图

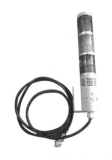

图 6-25　声光报警器图

排揽装置控制插座

电机互联插座

排揽装置电源插座

图 6-26　排缆装置接线盒插座图

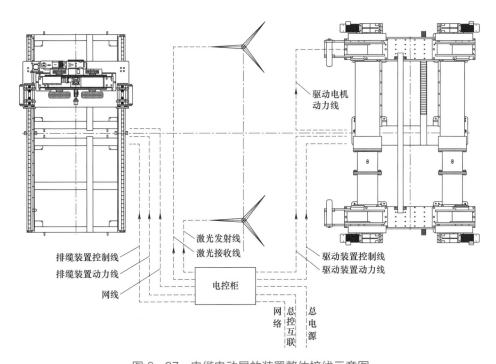

驱动电机动力线

排缆装置控制线
排缆装置动力线
网线

激光发射线
激光接收线

驱动装置控制线
驱动装置动力线

电控柜

网络　总控互联　总电源

图 6-27　电缆电动展放装置整体接线示意图

3）光电感应装置的安装。

根据总体布置图确定光电感应装置的安装位置。先将支撑杆全部展开，竖立在左、右两侧，再按照杆上刻度标识将光电感应器（发射、接收器）分别安装在左右支撑杆上。按照支撑杆上的刻度标识 700、1300、1900，发射端支撑杆上布置上、中、下三个发射器，接收端支撑杆上布置上、中、下三个接收器，安装示意图如图 6-28 所示（可根据实况适当调整相对位置）。

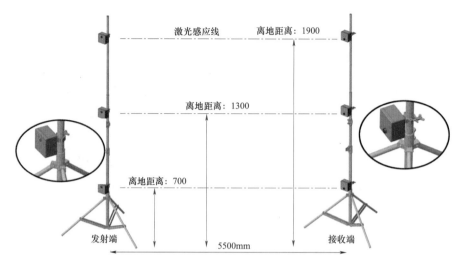

图6-28 光电感应装置安装示意图

每侧上、中、下三个发生器（接收器）之间用信号线连接，左、右两侧发生器（接收器）与电控柜之间用电源线连接，接线连接示意图如下图：

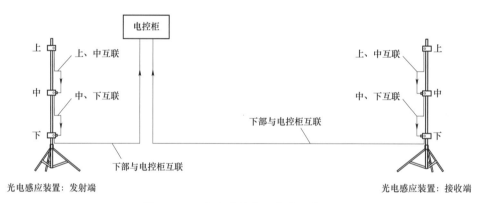

图6-29 光电感应装置安装示意图

按上图将发射器（上、中、下）和接收器（上、中、下）装配和接线后，手动按住发射端（上层）激光发射按钮，将激光对射至接收器（上层）激光感应串口附近，直至接收器红色指示灯熄灭（常闭），则表示激光感应配对完成。如接收器显示灯闪烁或常亮，则表示配对不成功，须继续调整。同方法，依次将中、下层配对完成，并锁紧发射器（接收器）的固定螺栓，防止松动。如下图：

图6-30 单个激光感应器示意图

① 支撑杆支腿尽量打开，并放置在平坦的地面上，以保证装置的稳定性；

② 工作时，左、右侧光电感应装置内部对射区域不能有人员窜动，阻挡激光，防止设备产生误判。

6.3.3　电控系统操作说明

电缆电动展放装置带独立的总电控柜，排缆装置的控制箱安装在排缆装置的行走机构平台上，总电控柜对设备进行所有指令的控制。在操作前应将无线操作手柄电源开启。

（1）展放装置控制柜的操作面板。

图 6-31　电控柜面板按钮图

显示屏：触摸屏，显示运行参数，对设备操作完成相关参数的修改；

电源指示灯：接入并开启电源总开关后，显示灯亮；关闭或切断电源后，显示灯熄灭；

正转运行：开启该按钮，电缆输送方向朝前（以人站立方向，人面朝总控柜显示屏）；

反转运行：开启该按钮，电缆输送方向朝后（以人站立方向，人面朝总控柜显示屏）；

手动：开启该按钮，设备进入手动操作模式；

联动：关联智能敷设系统按钮，设备单独使用时，操作无效；

自动：依次开启"自动""启动"按钮，设备进入自动运行模式；

平移电机锁定/解锁：此旋钮控制平移电机动作，解锁时，放缆机未运行可进行平移操作；

平移前进：平移解锁后，可进行平移操作；

平移后退：平移解锁后，可进行平移操作；

启动：开启"自动"按钮后，再开启"启动"按钮，设备进入自动运行模式；

停止：自动运行状态下，开启该按钮，设备运行停止；

急停键：开启此按钮，设备处于紧急暂停状态。关闭此按钮后，设备仍按照先前程序运行；

排缆机启用：启用后，通过网络检测排缆机数据，并控制排缆机运行；

排缆机禁用：禁用后，不对排缆机进行数据采集和控制；

公电：通过总的电源给 PLC 系统供电；

专电：通过控制线的电源给 PLC 系统供电；

无级调速旋钮：手动调节驱动电机频率，从而达到收放缆速度的调节。

（2）手动模式下，无线遥控器操作说明。

手动模式下，可使用无线遥控器对设备进行手动（单动）操作。无线遥控器能控制操作的机构包括：展放装置的正反转切换、展放装置的启停、排缆装置左右向移动、急停按钮，其操作按钮说明，见图 6-32：

图 6-32　无线操手柄图

（3）放缆机触摸屏操作画面和说明见图 6-33。

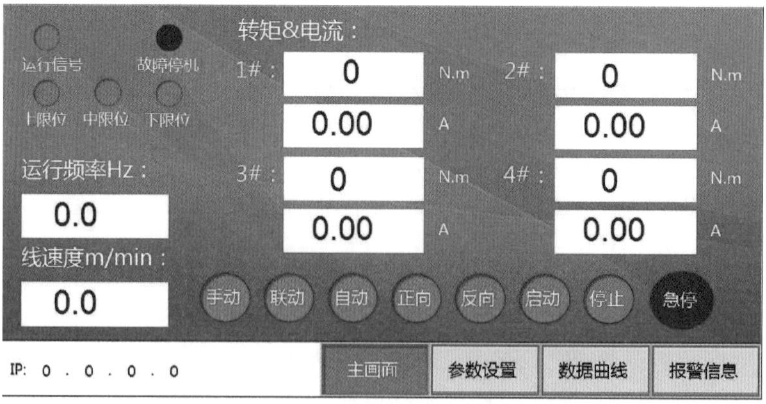

图 6-33　放缆机触摸屏主界面图

➢ 触摸屏操作功能参考手动操作功能。

（4）放缆机参数设置操作画面和说明。

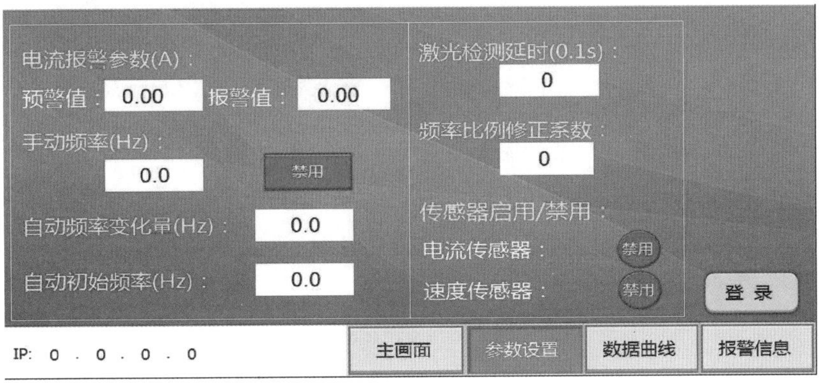

图 6-34　放缆机触摸屏参数界面图

说明：IP 地址设置在登录进入，密码"123456"，将放缆机的 IP 地址进行设置。

电流预警值：电流超限时预警；

电流报警值：电流超限时报警停机；

手动频率：显示调速旋钮设定频率；

自动频率变化量：用于放缆机自动控制时，通过感应上下限位时频率调整的值；自动初始频率：设定自动运行时的初始频率；

激光对射延时：用于检测激光对射信号，当低于设定值时，不启用频率调节功能；此功能主要为保证行人穿行在激光对射装置中间时产生的信号干扰；

频率比例修正系数：用于设定频率调节的幅度。

（5）排缆机操作画面和说明。

图 6-35　排缆机电控箱面板图

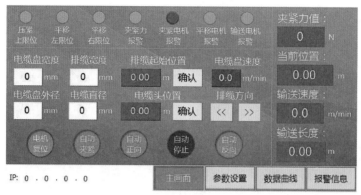

图 6-36　排缆机触摸屏主界面图

电缆盘宽度：设定放缆机上电缆盘宽度，单位 mm；

排缆宽度：设定排缆机上行走宽度，单位 mm；

电缆盘外径：设定放缆机上电缆盘外盘直径，单位 mm；

电缆直径：设定放缆机上电缆盘电缆直径，单位 mm；

排缆机起始位置：在手动模式，通过左右移动，调节电缆盘右侧起始位置；手动调节好起始位置后点击"确认"后，自动存储当前位置为起始位置；

电缆头位置：在手动模式，通过左右移动，调节电缆头起始位置；手动调节好起始位置后点击"确认"后，自动存储当前位置为电缆头当前位置；

排缆方向：确认初次运行时排缆机排缆行走方向；

电机复位：操作此按钮后，电机自动运行到初始位置。夹紧电机到上限位，行走电机到右限位；

自动夹紧：根据设定的力值，自动夹紧电缆；

自动正向：在切换到自动模式后，按正向排缆；

自动停止：自动模式下，按下后停止排缆；

自动反向：在切换到自动模式后，按反向收缆；

输送长度：输送长度即为电缆的输送长度。

（6）排缆机参数设置画面说明见图 6-37。

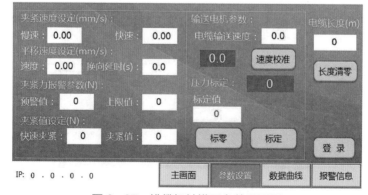

图 6-37　排缆机触摸屏参数界面图

说明：IP 地址设置在登录进入，密码 "123456"，将排缆机的 IP 地址进行设置，其地址需与总电控柜 IP 地址在同一个网段内。

夹紧速度：慢速为达到快速夹紧值后的夹紧速度，当夹紧力小于快速夹紧力值时，使用快速速度运行；平移速度设定：设定手动平移操作速度；

换向延时：自动运行时平移电机到达两侧时停留时间；

夹紧力预警、报警：达到设定值时，发出相应报警信号；

夹紧值设定：用于自动夹紧时快慢速切换；

电机输送速度：设定好需要输送速度后，点击速度校准，变频器会自动启动，根据编码器旋转速度来校准输送电机运行频率，达到设定输送速度；

压力标定：用于标定输送轮夹紧力。

6.3.4　设备使用说明

（1）准备工作。

1）注意事项。

① 电缆智能敷设系统平台电源输入功率应大于总控额定带负载功率，并留出适当余量，电源配置不低于 80kW。

② 电缆智能敷设系统平台额定带负载功率为 60kW，不可超负荷运行，超负荷运行可能会导致跳闸或出现其他危险情况。

③ 输入电源至少应采用 $3 \times 25 + 1 \times 16mm^2$ 以上电源线引至电缆智能敷设系统平台，电源电压 380V/AC，电缆智能敷设系统平台柜体应可靠接地。

④ 电缆智能敷设系统平台两侧共有 4 个电源出线插座向敷设设备供电，若进行长距离输电，应适当增大输电电缆线径，降低电压降。

⑤ 电缆智能敷设系统平台在运输及使用过程中请勿碰撞，以免损坏。使用时应在现场整理出一块平地放置电缆智能敷设系统平台，并将柜体底部轮子固定。

⑥ 应避免电缆智能敷设系统平台进水，进水可能会导致电气部分发生短路故障，出现危险。

2）输入电源连接。

打开电缆智能敷设系统平台后柜门，检查柜内电气元件连接线缆有无松动情况。检查完毕后将断路器开关打下，然后将准备好的 $3 \times 25 + 1 \times 16mm^2$ 电源线压接 $25mm^2$ 的接线端子后穿过电缆智能敷设系统平台柜体底板穿线孔安装到电源进线铜排上，进线铜排如图 6-49 所示，按出线端颜色进行区分，从右至左依次为红、绿、黄三根相线，蓝色零线，黄绿色地线。电源可采用五线制或四线制，电源线另一端连接到电源输入端配电柜的漏电保护器上（漏电保护器容量应大于额定负载功率，并留有适当余量）。此外，使用接地线缆将电缆智能敷设系统平台柜体可靠接地。

图 6-38　电源线路连接

3）开启服务器。

确认电缆智能敷设系统平台电源、电缆敷设设备动力线盘与光电复合缆线盘连线完毕后（各设备线盘线缆连接详见各设备使用说明书），将断路器主电源开关合上，各分控的电源开关合上（各分控电源开关用途见开关实物标签），断路器电源总开关如图 6-38 所示，各分控开关如图 6-39 所示。此时智能敷设系统总控柜通电，进入运行准备状态。使用服务器钥匙插入锁孔，向右旋转半圈打开前面板，然后按下电源开关即可开启服务器。服务器如图 6-40 所示。服务器开启完成进入 Windows 系统桌面，然后即可打开浏览器进入电缆智能敷设系统软件。

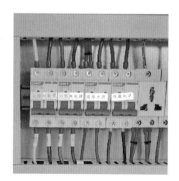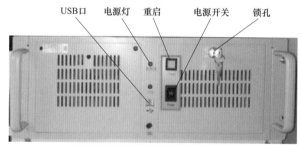

图 6-39　各分控开关图　　　　　图 6-40　服务器按钮图

4）触屏介绍。

服务器开启后，打开电缆智能敷设系统平台柜下部柜体前门查看触摸屏参数设置情况。触摸屏可显示智能敷设设备的运行状态与设备报警信息、设置采集数据的报警阈值，另外触摸屏上的按钮同控制面板上的按钮功能一致，都可控制敷设设备的正反转启动，停止，急停；触摸屏首页如图 6-41 所示：

图 6-41　触摸屏首页图

① 在电源接通，并完成设备连线与触摸屏参数设置后应进行控制功能测试。首先按下手动按钮切换至手动模式（手动指示灯亮起），依次测试正转、反转、停止、急停功能，按下急停按钮时，声光报警器应间歇亮灯并发出报警声；控制面板如图 6-49 所示。按钮功能测试完毕后按下停止按钮，然后将连接动力线盘的电源转接线航空插头的凸起处对准电缆智能敷设系统平台柜两侧接线盒内航空插座的凹陷处插入；至此，设备动力电源连接完毕，接线盒插座如图 6-61 所示。

点击首画面任一区域，即可进入触摸屏主画面，主画面如图 6-42 所示。按照功能类型，可以将此画面大致分为 3 个区域。

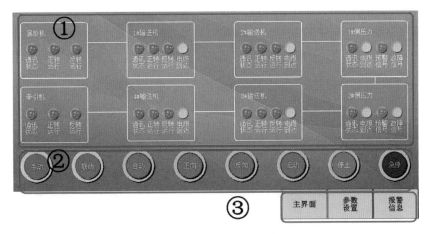

图 6-42　触摸主画面图

② 主界面。

A. ①区为设备状态指示区，每台智能敷设设备下方的指示灯，都可指示当前设备的工作状态。如通信状态指示灯反映的就是当前设备的通讯连接情况，电缆到达指示灯反映的就是电缆是否到达当前敷设设备的情况。

B. ②区为按钮控制功能区，可以切换敷设设备的控制模式，操控设备正反转，启动，停止与急停。（电缆智能敷设系统平台柜控制面板上的按钮功能与触摸屏上按钮的

控制功能一致）

C. ③区为画面切换区，通过底部的 3 个按钮可以切换显示画面。

D. 点击③区的参数设置按钮，进入参数设置画面，如图 6-43 所示。

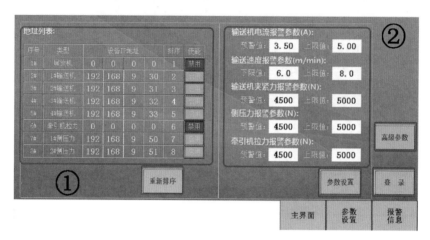

图 6-43　参数设置画面图

③ 参数设置画面介绍。

①区为智能敷设设备的 IP 地址设置区，在此处可以设置被电缆智能敷设系统平台直接控制的智能敷设设备的 IP 地址。②区为采集数据阈值参数设定区，可设置采集数据的报警值、预警值。

④ 参数设置。

点击参数设置画面右侧的登录按钮，进入登录画面，如图 6-44 所示。

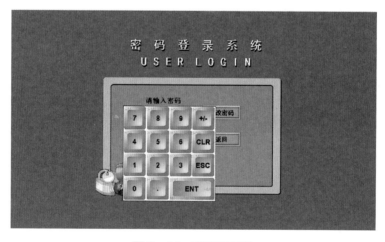

图 6-44　登录画面图

在弹出的小键盘上输入密码"123456"，输入完成后点击 ENT 键，完成输入，然后点击确定按钮返回参数设置界面。密码输入完成图如图 6-45 所示。

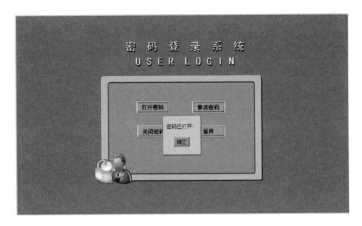

图 6-45 密码输入完成图

A. 智能敷设设备 IP 地址设置

在图 6-46 参数设置画面的①区可以设置智能敷设设备的 IP 地址。若连接的输送机智能测控箱超过 4 台，那么应进行如下设置：将前 4 台电缆智能输送机的 IP 地址填入 1-4 号输送机位置（IP 地址一般在输送机智能测控箱触摸屏主画面的左下角可查询到），并设定设备序号为 2-4，然后点击右侧按钮启用智能输送机，如图 6-56 所示。

剩余的输送机智能测控箱需挂载在上述刚刚设置的 1 号输送机智能测控箱的控制系统下，挂载操作须在 1 号输送机智能测控箱触摸屏参数设置界面进行。首先将 1 号输送机智能测控箱切换为主站，然后填入待挂载的输送机智能测控箱 IP 地址，作为本主站的从机（详细操作见电缆智能输送机使用说明书）。1 台输送机智能测控箱切换为主站后可挂载 6 台输送机智能测控箱；若被挂载的输送机智能测控箱多于 6 台，则可将电缆智能敷设系统平台下的 2 号输送机智能测控箱切换为主站继续挂载剩余的电缆智能输送机，电缆智能敷设系统平台下的 3-4 号电缆智能输送机也可以切换为主站继续挂载电缆智能输送机。

若当前系统中已连接的智能敷设设备中的输送机智能测控箱数量等于 4 台，那么只需将待连接的输送机智能测控箱 IP 地址填入输送机对应的 IP 地址框中，并点击启用按钮启用输送机即可，完成效果如图 6-56 所示。对于连接的输送机智能测控箱少于 4 台的情况，除将待连接的输送机智能测控箱按上述说明进行设置外，还需将未填入输送机智能测控箱 IP 地址的输送机点击禁用按钮禁用，否则会触发系统设备掉线报警。

电缆智能敷设系统平台上只需挂载 2 台侧压力智能测控箱，设定方式与输送机智能测控箱设定方式一致。若系统中还连接了智能型的电缆电动展放装置（展放机）、拉力智能测控箱，也需按照上述说明在相应位置进行 IP 地址设置并启用设备；完成 IP 地址设定后点击重新排序完成所有操作。此外，侧压力智能测控箱无须进行主站切换设置，使用时只需在电缆智能敷设系统平台软件内添加设备即可，详细操作见电缆智能敷设系统平台软件设备添加相关章节。

B. 注意

若某台智能敷设设备已连接且准备使用，那么必须输入该台设备的 IP 地址并启用该台设备，否则该台设备将无法进行控制。

若某台智能设备已连接但不准备使用或该台设备发生故障但临时未检测出故障原因时可将该台设备禁用，以免影响其他设备运行。

智能设备与常规设备区分规则：智能设备控制箱/柜含触摸屏。

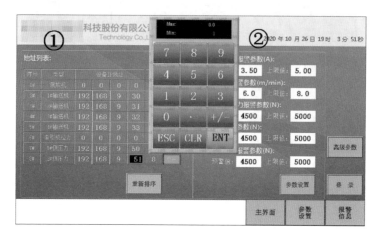

图 6-46　IP 地址设置画面图

C. 采集数据阈值设定

在参数设置画面的②区可以设置智能敷设设备采集数据的报警与预警阈值。可根据需要进行设定。（输送速度参数阈值建议保持默认）参数设置完成后点击下部参数设置按钮完成参数设置。采集数据阈值设置画面如图 6-47 所示。

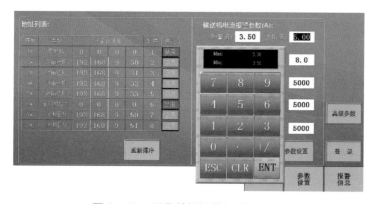

图 6-47　采集数据阈值设置画面图

D. 高级参数设定

点击参数设置画面右侧的高级参数按钮，即可进入高级参数设定画面，如图 6-48 所示。

图 6-48 高级参数设定画面图

在该画面中可以设置电缆智能敷设系统平台的 IP 地址，以及掉线延时报警时间。修改 IP 地址后应按保存按钮保存设置。高级参数建议保持默认，不可随意修改。

5）控制功能测试。

① 在电源接通，并完成设备连线与触摸屏参数设置后应进行控制功能测试。首先按下手动按钮切换至手动模式（手动指示灯亮起），依次测试正转、反转、停止、急停功能，按下急停按钮时，声光报警器应间歇亮灯并发出报警声；控制面板如图 6-49 所示。按钮功能测试完毕后按下停止按钮，然后将连接动力线盘的电源转接线航空插头的凸起处对准电缆智能敷设系统平台柜两侧接线盒内航空插座的凹陷处插入；至此，设备动力电源连接完毕，接线盒插座如图 6-50 所示（线盘与设备连接等操作见各设备使用说明书）。

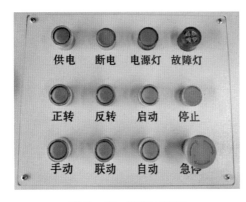

图 6-49 控制面板图

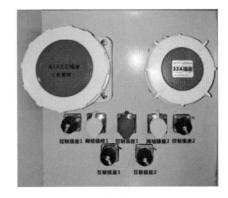

图 6-50 接线盒图

② 输送设备输送方向调整。

确认每台输送设备的智能测控箱连线完毕，控制电源开关旋转至专电位置。然后按下电缆智能敷设系统平台控制面板上的供电按钮（供电按钮指示灯亮），向各智能测控箱供给控制电源。检测通讯正常后（电缆智能敷设系统平台触摸屏上设备通信指示灯全部亮起），按下手动按钮（手动按钮指示灯亮）、正转按钮（正转按钮指示灯亮）、启动

213

按钮（启动按钮指示灯亮），此时电缆智能敷设系统平台向智能测控箱供给动力电源（但此时由于系统在手动模式下，与智能测控箱连接的设备并不会运行）。之后，按下输送设备智能测控箱上的手动启动按钮，观察设备输送方向，若与实际输送方向相反，则按下停止按钮，然后按下反转状态按钮，调整设备输送方向。并使所有输送设备的输送方向保持一致。

③ 设备操控方式。

A. 手动模式

在进行输送设备输送方向调整确认时，电缆智能敷设系统平台已进入了手动运行模式。在此模式下，电缆智能敷设系统平台控制面板按钮或电缆智能敷设系统平台软件可通过正/反转按钮同时切换所有智能输送机的运行方向，通过启动按钮向输送设备供给380V 电源。然后在输送设备智能测控箱上可以手动启动与测控箱相连的单台智能输送设备，操作灵活度高。通过输送设备智能测控箱触摸屏与电缆智能敷设系统平台软件可查看设备的采集数据以及设备报警信息。

B. 联动模式

进入联动模式之前，需按下停止按钮停止设备运行（启动指示灯灭），然后才能切换联动。按下联动按钮（联动指示灯亮），此时所有输送设备智能测控箱切换到联动状态（输送设备智能测控箱联动指示灯亮），然后按下正转按钮，启动按钮启动智能输送设备。在此模式下，电缆智能敷设系统平台可同时切换所有智能输送设备的运行方向，同时启停智能输送设备。通过输送设备智能测控箱触摸屏与电缆智能敷设系统平台软件可查看设备采集数据，设备报警信息。所有设备由电缆智能敷设系统平台统一操控。

C. 自动模式

进入自动模式之前，需按下停止按钮停止设备运行（启动指示灯灭），然后才能切换到自动。按下自动按钮（自动指示灯亮），此时所以输送设备智能测控箱切换到自动状态（输送设备智能测控箱自动指示灯亮），然后按下正转按钮、启动按钮启动智能输送设备。在此模式下，电缆智能敷设系统平台可同时切换所有智能输送设备的运行方向，由激光传感器是否检测到了电缆到达的信号来决定是否启动。当电缆到达时，智能输送机自动启动，电缆输送完毕后输送机延时停止。通过输送设备智能测控箱触摸屏与电缆智能敷设系统平台软件可查看设备采集数据，设备报警信息。

（2）电缆智能敷设系统平台软件。

电缆智能敷设系统平台软件通过采集并监控各设备的运行数据并进行分析来辅助判断电缆敷设过程中的设备工作状况。当采集数据超过设定阈值时自动并及时进行干预，提示报警信息，输出预警、报警信号帮助敷设人员及时发现、定位敷设故障及设备异常情况。在自动模式下电缆智能敷设系统平台软件在监测到报警信号时可自动停机，切断敷设设备动力电源。使用电缆智能敷设系统平台软件可减少和避免电缆和设备在使用过程中出现损伤，为电缆敷设施工的安全保驾护航。

1）系统登录。

双击打开桌面上的 Google 浏览器，直接点击浏览器收藏栏上软件页面图标或在地址栏输入"localhost：8080"或输入"192.168.9.151"然后按下键盘"ENTER"键进入用户登录界面，本手册以管理员账户（admin）来登录为例，登录界面如下图 6-51 所示。

图 6-51　登录界面图

操作方法：

- 用户账号输入框中输入账户"admin"；
- 用户密码输入框中输入密码"888888"；
- 点击【登录】按钮。

注意事项：

当用户名或者密码输入错误，点击登录，系统会提示"用户名或密码错误"。

2）首页。

用户登录后，进入软件首页，在首页界面的左边显示软件所有功能菜单项，右侧显示系统主页信息，系统默认展示首页的页面信息，软件首页如图 6-52 所示。

图 6-52　系统首页图

① 工程管理。

点击系统主界面中的【工程】图标，进入工程信息维护页面，如下图6-53所示。

A. 新增：新工程，工程信息维护页面，填写工程基本信息、工段电缆信息、联系方式等相关信息后，点击【新增】按钮，完成工程信息添加；

图6-53　新建工程界面图

B. 修改：修改工程信息，工程信息维护页面，填写工程基本信息、工段电缆信息、联系方式等相关信息后，点击【修改】按钮，完成工程信息修改，如图6-54所示。

图6-54　工程信息维护界面图

注意：在修改工段数，回路数，电流类型时，会对应的修改工段和工段下的电缆数，对于已经施工的工段则不作修改；如果工段做了删除操作，对应的工程信息中的工段数量也会变更。

当工程的每个工段的所有电缆都敷设完工后，会自动更新工程信息的状态为【完工】，如果没有则可以在工程信息维护页面点击【完工】按钮，将当前工程设置为完工状态（如果存在电缆未敷设完工，则系统会有提示，不允许对工程进行完工操作）。工程完工后，首页展示新增工程信息界面，在工程管理功能模块中，可以查看已完工的工程信息记录。

② 工段管理。

A. 工段信息维护：点击系统主界面中的【工段】图标，进入工段信息维护页面，如图 6-55 所示。

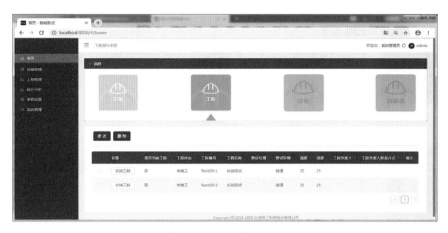

图 6-55　工段界面图

工段信息记录由前面维护的工程信息自动生成，例如，工程信息维护时，填写的工段数是"2"，则会自动生成 2 条工段信息记录。

B. 工段信息修改。

在工段信息维护页面，可对自动生成的记录进行修改，选择要修改的工段记录，点击【修改】按钮，弹出工段信息修改窗口，如图 6-56 所示。填写该工段的敷设环境、工段负责人信息，点击【提交】按钮，完成工段信息修改（否当前工段正在施工的工段信息不允许修改）。

图 6-56　工段信息修改

C. 工段删除。

在工段信息维护界面，选中需要删除的工段，点击【删除】按钮，可删除对应的工段，如图 6-57 所示；同时工程界面的工段数量也将自动更新，如图 6-58 所示。

图 6-57　工段信息维护界面

图 6-58　工程界面图

D. 工段切换。

在工段信息维护页面，点击【切换工段】按钮，可将对应的工段设置为当前施工工段，如图 6-59 所示。

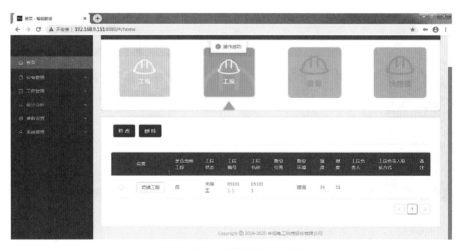

图 6-59　工段切换界面图

③ 设备管理。

A. 设备信息确认

在添加设备前，需要在设备基本信息界面确认电缆智能敷设系统平台软件内的设备信息是否与当前工程中使用的设备一致（设备出厂前已确认好）如图 6-60 所示。

图 6-60 设备信息界面图

B. 设备新增

点击首页中的【设备】图标，进入工程设备配置页面，如图 6-61 所示；在设备配置页面，可以配置当前施工工段的设备信息，对配置的设备信息记录可以进行修改、删除、插入设备以及分配总控等操作。

图 6-61 设备配置界面图

注意：

设备添加有两种方式：1. 在电缆智能敷设系统平台软件当前【设备】界面直接选择设备添加。2. 使用 PDA 扫描设备铭牌上的二维码添加设备。使用 PDA 扫描设备铭牌上的二维码添加设备的相关操作见文后 App 与 PDA 的内容，以下操作为手动添加设备的过程。

单击【新增】按钮，弹出添加设备配置窗口，筛选需要添加的设备类型，然后点击查询按钮，获取需要添加的设备。然后点击设备后面的【添加】按钮，添加好的设备显示在界面顶部，如图 6-62 所示。添加了所需要的设备后单击【选择】按钮，完成设备配置信息，如图 6-63 所示。

C. 总控分配

点击【总控分配】按钮，进入总控分配界面，选中当前总控，点击【分配】按钮进行确认，如图 6-64 所示。关闭弹出窗口，刷新设备列表，设备对应"单片机总控"一列显示选中的总控，如图 6-65 所示。

图6-62　设备添加界面图

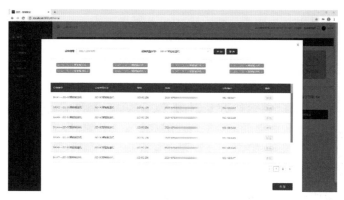

图6-63　设备添加完成界面图

图6-64　总控分配界面

图6-65　总控分配成功界面

④ 工段线路图。

点击系统首页中的【线路图】图标，进入工段线路图页面，如图 6-66 所示。

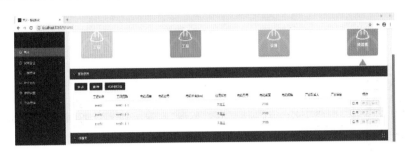

图 6-66　线路图界面

A. 线路图电缆信息维护

在线路图界面，可以查看生成的电缆回路列表，点选单条电缆记录，点击【修改】按钮，可以进入修改界面修改电缆回路基本信息，如图 6-67 所示。点击【删除】按钮，则可以删除对应回路，如图 6-68 所示。

图 6-67　电缆回路信息维护界面

图 6-68　电缆回路删除界面

B. 电缆回路操控

在进行电缆回路操控前，首先要在电缆智能敷设系统平台控制面板上按下供电按钮；确认所有智能输送机通讯正常（智能输送机 IP 地址设置页通讯指示灯全部亮起）。然后在电缆列表记录中，点击【启用】按钮，可以启用对应电缆回路，修改电缆回路状态为施工中，下方的模拟线路中的设备状态也会变更，且操作按钮可以进行操作；点击

【停工】按钮，修改电缆回路状态为停工，下方模拟线路中的设备状态变灰，且操作按钮不可进行操作；点击【完工】按钮，修改对应电缆回路状态为完工，则该电缆回路不能再进行操作修改；如果工段下的电缆回路都完工了，则工段也会自动修改为完工状态。如图6-69和图6-70所示。

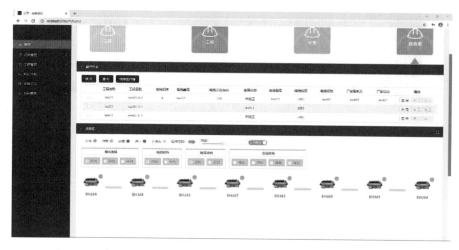

图6-69　电缆回路启用图

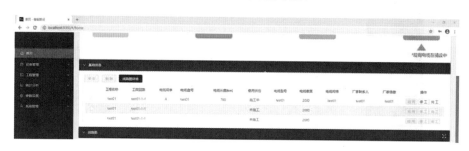

图6-70　电缆回路状态图

C. 控制模式

a. 手动模式

在手动模式下电缆智能敷设系统平台软件操作方式与电缆智能敷设系统平台控制面板按钮操作方式略有不同。首先，在确认按下供电按钮且智能输送机通信连接正常的情况下，按下手动按钮、正转按钮、启动按钮向输送机智能测控箱供给380V动力电源。此时只需要在电缆智能敷设系统平台软件上勾选所需要启动的设备，然后点击【正向】，【启动按钮】，即可启动当前选定的智能输送机，未选中的输送机则不启动，通过电缆智能敷设系统平台软件可查看智能输送机的采集数据。如图6-71所示。

b. 联动模式

进入联动模式前先将在手动模式下运行的设备停止。然后点击【联动】按钮，切换到联动状态，点击【正向】或【反向】按钮，点击【启动】按钮，即可启动所有智能输送机。通过电缆智能敷设系统平台软件可查看智能输送机的采集数据。如图6-72所示。

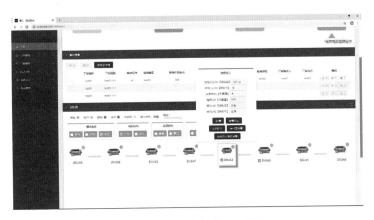

图 6-71　模式切换界面图

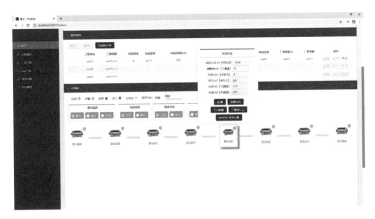

图 6-72　联动模式查看设备数据图

c. 自动模式

进入自动模式前先将在联动模式下运行的设备停止。然后点击【自动】按钮，切换到自动状态，点击【正向】或【反向】按钮，然后点击【启动】按钮向输送机智能测控箱供给 380V 动力电源。当智能输送机的位置检测装置检测到电缆到达信号时，智能输送机可自动启动；当电缆敷设完成，电缆到达信号消失后，智能输送机延时停止；位置检测装置如图 6-73 所示。此外，同联动模式，通过电缆智能敷设系统平台软件也可查看智能输送机的采集数据。如图 6-74 所示。

D. 故障查看与阈值设定

a. 故障查看

当设备的采集数据大于设备对应的参数设定阈值时，智能敷设系统总控软件则会触发报警，提示报警信息。按照智能敷设系统总控软件设置，设备共分为 3 类报警：电流超限报警，夹紧力超限报警，设备掉线报警。分别如图 6-75～图 6-77 所示。

图 6-73　位置检测装置图

223

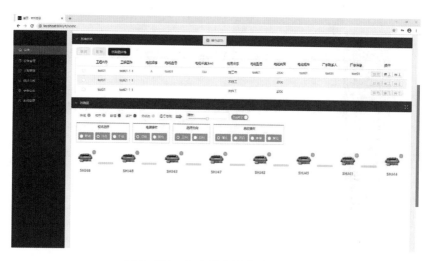

图 6-74　自动模式线路图界面图

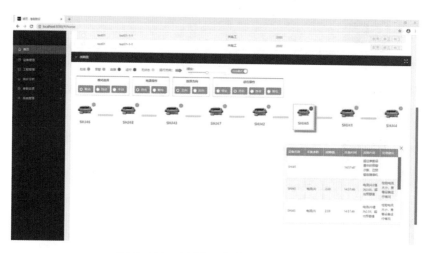

图 6-75　电流超限报警信息界面图

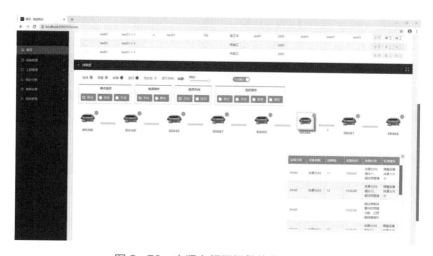

图 6-76　夹紧力超限报警信息界面图

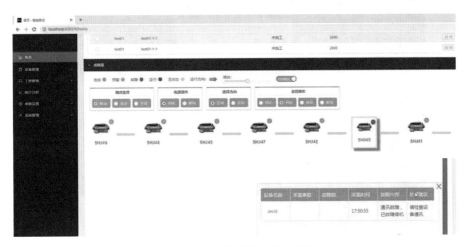

图6-77　掉线报警信息界面图

b. 阈值设定

操作人员可根据需要自行设定每台设备的采集参数阈值(每台设备的采集参数阈值数据可以设置的不一致),阈值设定界面如图6-78所示。将鼠标放置在设备上,在弹出的菜单中点击【设置】按钮,即可进入设备阈值参数设定界面,如图6-79所示。

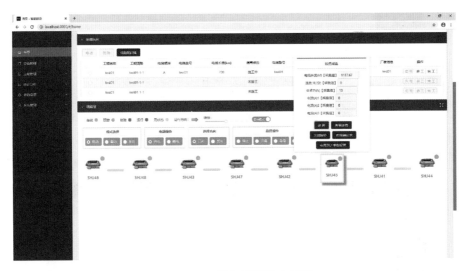

图6-78　设备阈值设定界面

E. 关闭报警与故障复位

当设备触发报警,提示报警信息时,应将所有设备停止,检查设备故障。故障消除后,点击如图6-78所示界面中的【关闭报警】按钮,关闭报警。然后点击总控操作菜单下的【复位】按钮,复位故障,方可再次启动设备。如图6-80所示。

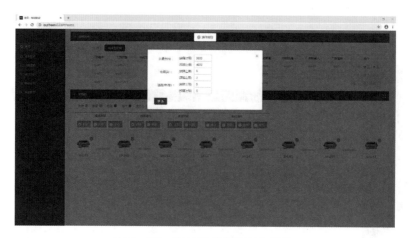

图 6-79　设备阈值参数设定界面

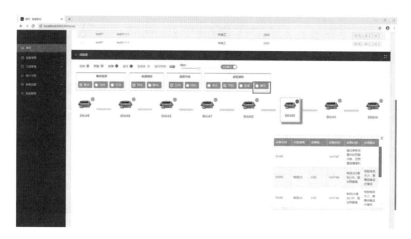

图 6-80　故障复位图

F. 采集数据详情查看

在查看设备采集数据界面，点击数据下方的【查看详情】按钮，会弹出设备采集数据的详细预览界面，如图 6-81、图 6-82 所示。

图 6-81　采集数据折线图

图 6-82　采集数据表

注意事项：

a. 电缆回路状态为"施工中"和"完工"时不允许执行信息修改操作；

b. 只有在点击电缆启用后，方可对设备进行模式选择，电源操作，总控及分控操作，以及设备采集信息查看；

c. 对于停工中电缆，只有等停工的电缆完工后，才可进行下条电缆的启用；

d. 在进行任何操作前，都应先确认【供电】按钮已按下，设备连线正确，通讯正常。

e. 在进行模式切换时，应先停止当前模式下已开启的设备，然后切换模式，确认运行方向，按下【启动】按钮。

3）工程管理。

工程管理界面可查看所有工程信息记录，对工程进行施工、停工操作（施工中的工程才可进行停工操作）如图 6-83 所示。

图 6-83　工程管理界面图

① 工程信息查看。

在工程管理界面中（图 6-83）输入工程编号、工程名称、工程状态等查询条件信息，点击【查询】按钮，查询出满足条件的工程信息记录；在工程信息记录列表中，点击列表中的蓝色工程名称链接，弹出该工程相关的详细信息窗口，如图 6-84 所示。

图 6-84　工程信息界面图

② 工段信息查看。

单击"工段信息"选项卡，展示该工程下的所有工段基本信息，如图 6-85 所示。

图 6-85　工段信息界面图

③ 设备信息查看。

单击"设备信息"选项卡，展示该工程下的所有设备基本信息，可根据不同的工段进行筛选，如图 6-86 所示。

图 6-86　设备信息界面图

④ 电缆信息查看。

单击"电缆信息"选项卡，展示该工程下的所有电缆基本信息，可根据不同的工段进行筛选，如图 6-87 所示。

图6-87 电缆信息界面图

⑤ 采集信息查看。

单击"采集信息"选项卡，展示该工程下的所有采集到的数据和折线图，可根据不同的工段进行筛选，采集的数据来源于设备上传的数据，如图6-88所示。

图6-88 采集信息界面图

⑥ 故障信息查看。

单击"故障信息"选项卡，展示该工程下的所有的故障信息，可对故障进行处理，可根据不同的工段进行数据筛选，采集的数据来源于设备上传的数据，如图6-89所示。

图6-89 故障信息界面图

选择故障信息列表中需要处理的故障，单击【处理故障】按钮，弹出【故障处理】窗口，在故障列表中选择待处理的故障，单击"选择"选择按钮，在处理代码列表中选择一种处理代码方式，单击【确定】按钮，完成对故障的处理，在故障信息中会展示相应的故障处理码，如图 6-90 所示。

图 6-90 故障处理界面图

⑦ 工程状态管理。

在工程管理列表界面，可查看所有的工程记录状态，如图 6-91 所示。选中未完成的列表记录，点击【施工】按钮，如果当前没有工程在施工，则更改选中。

记录工程状态为施工中，标记为当前施工工程；若当前有工程正在施工中则进行提示；如图 6-92 所示。

选中在施工中的工程，点击【停工】按钮，修改记录工程状态为"停工"。

图 6-91 工程记录界面图

图 6-92 更改工程状态异常提示图

⑧ 导出完工报告。

当工程施工完后，在工程列表界面可以选择完工记录，点击【导出完工报告】28

按钮，然后点击确定，选择导出信息，可导出工程的完工报告；如图6-93～图6-95所示。

图6-93　完工报告导出图

图6-94　完工信息选择界面图

完　工　报　告

工程信息						
工程编号	051011	工程名称	051011	工程总长度（km）		1
施工地点	051011	工程状态	完工	开始时间		2020-05-10
完工时间	2020-05-10	工程负责人	051011	工程负责人联系方式		051011
工程说明		温度		湿度		
工段信息						
工段编号		敷设位置		工段负责人	负责人联系方式	
051011-1						
电缆信息						
工段回路	电缆顶序	盘号	长度	电缆型号	生产厂家	敷设日期
051011-1-1			0			
051011-1-1			0			
051011-1-1	A	05101133	11	1122	er33	2020-06-10

图6-95　完工报告图

⑨ 导出工程备份。

选择某个工程，然后点击【导出备份】按钮，可以导出文件后缀名为sql的工程备份文件，导出的信息为当前操作工程中包含的工程信息，工段，电缆回路信息，如图6-96所示。

图 6-96　导出工程备份图

⑩　导入工程备份。

点击【导入备份】按钮，选择需要导入的 sql 备份文件，弹出导入成功提示信息则表示导入成功，当工程信息已存在时，则不会导入重复数据。如图 6-97 和图 6-98 所示。

图 6-97　导入工程备份图

图 6-98　工程备份导入成功图

4）统计分析。

① 设备类型统计。

可统计当前工程使用的设备类型，累计设备台数；如图6-99所示。

图6-99　设备类型统计界面

② 工程信息统计。

可统计当前工程使用的设备的采集数据，可按照筛选条件进行筛选查看；如图6-100所示。

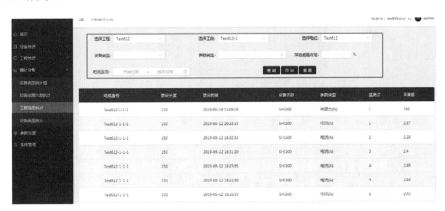

图6-100　工程信息统计界面图

③ 设备故障次数统计。

可统计当前工程使用的设备的故障次数，可按照筛选条件进行筛选查看；如图6-101所示。

图6-101　设备故障次数统计界面图

5）App 与 PDA。

① WIFI 连接。

打开 PDAWIFI 开关，连接电缆智能敷设系统平台内部局域网 WIFI，WIFI 账号一般为 DLZNFS 或以 TPlink 开头的 WIFI 名称，密码：12345678，如图 6－102 所示。WIFI连接完成后打开 App 软件，进入登录界面，如图 6－103 所示。输入账户、密码（按提示框中数据输入）和服务器 IP 地址（192.168.9.151），点击【登录】按钮即可登录进入App 界面。

图 6－102　WIFI 连接界面图　　　　图 6－103　软件登录界面

② 上传设备。

App 登录后，打开电缆智能敷设系统平台软件的设备配置页面如图 6－104 所示。然后点击右上角【＋】标签，可以跳转到添加设备页面，再点击中间【添加设备】标签，即可扫描设备铭牌上的二维码添加准备用于施工的设备，如图 6－105 所示。扫码完成后靠近电缆智能敷设系统平台，然后点击右上角的【↑】上传标 3233 签，如图 6－106所示。上传设备到电缆智能敷设系统平台软件，然后在电缆智能敷设系统平台软件设备添加刷新页面，就能够看到扫码上传的设备，如图 6－107 所示。设备上传完成后剩余操作同前文设备添加完成后所述。

图 6－104　设备配置界面图

图 6-105　PDA 扫码图　　　图 6-106　上传设备图

图 6-107　设备上传成功图

③ 监控。

点击底部【监控】标签，可以跳转到监控页面，展示当前施工的工程工段的设备列表，点击设备信息，即可跳转到设备采集数据展示界面，点击右上角的+号图标，可以跳转到扫码上传设备界面，点击右上角的信封图标，可以跳转到报警信息展示页面。

A. 设备列表查看，如图 6-108 所示。

B. 采集数据查看，如图 6-109 所示。

 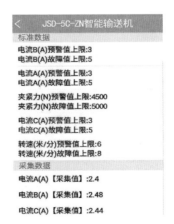

图 6-108　装置状态监控界面　　　图 6-109　装置状态监控数据

图 6-110 报警信息界面图

C. 报警信息查看,如图 6-110 所示。

④ 工程。

点击底部【工程】标签,即进入工程信息列表界面,点击工程状态标签选择正在施工的工程,然后点击确定,如图 6-111 所示。点击工程信息展开工程明细界面,点击工程明细界面底部的【查看工段】,即可进入工程工段列表界面,如图 6-112 所示。点击工段信息展开工段明细界面,点击底部【查看更多】,即可进入工段电缆列表界面和工段设备列表界面,如图 6-113 所示。点击电缆信息展开电缆明细界面,点击设备信息,展开设备明细界面,如图 6-114 所示。

图 6-111 工程选择界面图

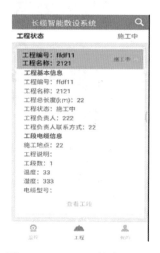

图 6-112 工程信息界面图

图 6-113 电缆信息界面图

图 6-114 设备信息界面图

⑤ 我的。

点击底部【我的】标签,进入用户中心,展示当前登录账户信息,服务器地址;点击【修改密码】，即可进入修改密码界面，进行密码修改；点击【退出登录】，即退出系统。如图6-115和图6-116所示。

图6-115 我的信息界面图　　　　图6-116 密码修改界面图

6）系统管理。

① 账户管理。

账户管理界面可对系统登录账号进行新增、修改、删除。如图6-117所示。

图6-117 账户管理界面图

A. 新增账号

点击【新增】按钮，打开账户新增的窗口，输入登录账号、账户昵称等信息，在确保所有信息准确无误的情况下，点击【确定】按钮，完成账户新增。如图6-118所示。

图6-118 账户新增界面图

B. 修改账户

选择需要修改的账户信息记录，点击【修改】按钮，弹出账户修改界面，对需要修改的数据进行编辑，修改确认后点击【确定】按钮，完成账户修改。如图6-119所示。

图6-119　账户信息修改界面图

C. 删除账户

选择账户信息记录列表中的待删除数据，点击【删除】按钮，弹出删除账户的提示信息，确认后对选中账户信息进行删除。

D. 重置密码

选择账户信息记录列表中的账户数据，点击【重置密码】按钮，弹出重置密码的提示信息，确认后将选中账户的密码初始化"123456"。注意事项：

登录账号不允许重复。

② 岗位设置。

对岗位信息进行维护，包括新增、修改、删除处理。如图6-120所示。

图6-120　岗位信息维护界面

A. 新增岗位

点击【新增】按钮，打开新增岗位的窗口，输入岗位编号、岗位名称等信息，在确保所有信息准确无误的情况下，点击【确定】按钮，完成岗位新增。如图6-121所示。

图6-121　新增岗位界面图

B. 修改岗位信息

选择需要修改的岗位信息记录，点击【修改】按钮，弹出修改岗位界面，对需要修改的数据进行编辑，修改确认后点击【确定】按钮，完成岗位修改。如下图6-122所示。

图6-122 修改岗位信息界面图

C. 删除岗位

选择岗位信息记录列表中的待删除数据，点击【删除】按钮，弹出删除岗位的提示信息，确认后对选中岗位信息进行删除。

注意事项：

岗位编号及岗位名称不允许重复。

③ 角色管理。

对系统角色信息进行维护，包括新增、修改、删除处理。如图6-123所示。

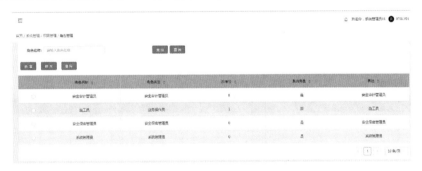

图6-123 角色管理界面图

A. 新增角色

点击【新增】按钮，打开新增角色的窗口，输入角色名称等信息，在确保所有信息准确无误的情况下，点击【确定】按钮，完成角色新增，如图6-124所示。

图6-124 新增角色界面图

B. 修改角色信息

选择需要修改的角色信息记录，点击【修改】按钮，弹出修改角色界面，对需要修改的数据进行编辑，修改确认后点击【确定】按钮，完成角色修改。如图 6－125 所示。

图 6－125　修改角色信息界面图

C. 删除角色

选择角色信息记录列表中的待删除数据，点击【删除】按钮，弹出删除角色的提示信息，确认后对选中角色信息进行删除。

注意事项：

④ 权限管理。

权限管理：对角色可操作的功能菜单进行授权。如图 6－126 所示。

图 6－126　权限管理界面图

角色权限分配

选择需要分配权限的角色信息记录，点击【分配菜单权限】按钮，弹出分配菜单权限界面，点击极限状态的开关，将某些特定的功能权限给关闭或放开（极限状态灰色为关闭，蓝色为放开），点击【确定】按钮，完成角色权限分配。如图 6－127 所示。

⑤ 角色账户管理。

A. 新增角色账户

点击界面中的【新增】按钮，进入新增界面，填写对应信息，点击【确定】按钮，弹出成功提示信息，则新增操作成功，如图 6－128 所示。

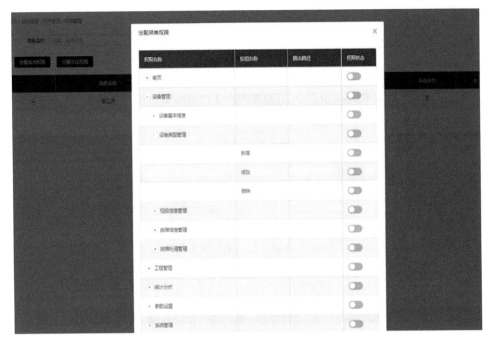

图 6-127　角色权限分配界面图

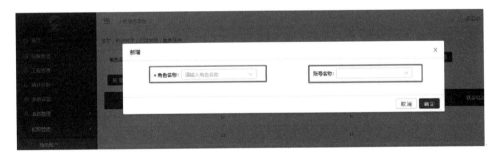

图 6-128　角色账户新增界面图

B. 删除角色账户

选中列表中的记录，点击界面中的【删除】按钮，弹出提示框，点击提示框中【确定】按钮，弹出成功提示信息，则完成删除操作。

⑥ 系统授权。

通过绑定电脑设备硬件 CPU 的编码，完成授权操作，其他设备需授权才可登录系统，如图 6-129 所示。

⑦ 登录日志。

在登录日志页面，输入操作人、时间等查询条件信息，点击【查询】按钮，查询出满足条件的账户登录日志信息，如图 6-130 所示。

⑧ 操作日志。

查看操作日志：在操作日志页面，输入操作人、时间等查询条件信息，点击【查询】按钮，查询出满足条件的账户操作日志信息。如图6-131所示。

图6-129　系统授权界面图

图6-130　登录日志界面图

图6-131　操作日志界面图

⑨ 线路图操作记录。

可以通过线路图操作记录，查看工程设备的操作记录，如图6-132所示。

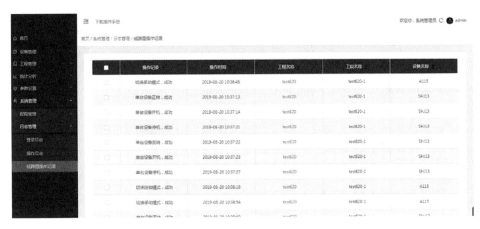

图 6-132　线路图操作记录界面

6.3.5　设备操作注意事项

（1）电源进线不小于 10 平方毫米；

（2）电源接线前应核对好电源相序，并测量其输入的电压情况，无误后方可试机。

（3）设备投入使用前，须逐台对电机转向进行核对，确认无误后方可投入运行；

（4）电缆盘吊入装置前，设备须在手动和自动模式下联调联试，确认光电感应装置及其他机构运行正常；

（5）设备运行过程中，禁止人员在光电传感装置间穿插；

（6）设备运行过程中，电缆盘 5 米以内严禁站人，应设置安全标志和明显的指示牌；

（7）操作人员须经操作技能知识的培训，严禁非操作人员进行各种操作。

6.4　维护保养与故障排除

6.4.1　维护与保养、贮存

（1）使用前对减速机进行加油，并及时补充相同牌号的润滑油；

（2）使用后应对各部位进行各部位要清理干净，涂油保养；

（3）展放装置长时间运行以后，驱动轮链条可能会松弛，应自行调整，并在链条部位略加机油；

（4）润滑油及润滑脂应定期更换，初次运转 300 个小时后更换，以后每隔 6 个月更换一次；

（5）若设备长时间没有使用时，在重新启动时应更换润滑油及润滑脂；

（6）润滑油一般选用 L—CKC68～CKC150 极压工业齿轮油或性能更好的润滑油，润滑脂推荐使用特种润滑脂—2#或 2L—2#锂基润滑脂等油脂；

（7）贮存不宜采用堆放，应避免相互磕碰；

（8）展放装置应贮存在通风良好、防潮、防晒、防腐蚀的仓库内；室外保存时应垫离地面并用防淋遮盖物妥为遮盖。

6.4.2 常见故障及处理方法

故障现象	可能原因	处理方法
指示灯不亮	1. 控制回路熔断器坏 2. 电源开关接触不良 3. 指示灯坏	1. 修复或更换 2. 更换开关 3. 更换
电机不动作	1. 熔断器坏 2. 相应接触器失灵 3. 按钮触点不通	1. 更换 2. 修复或更换 3. 修复或更换
总控上电后漏电保护器立即跳闸	1. 输入电源线路短路或漏电，导致跳闸 2. 输电线路存在漏电现象或输送设备控制箱零地接线柱连接板没有打开	1. 检查输入电源线路 2. 检查输电线路是否漏电；设备控制箱零地接线柱连接板是否打开
供电启动后，输送机不启动	1. 零/地线未连接，电源未接好 2. 检查是否处于自动模式下，自动模式下输送机由激光传感器检测电缆信号控制启动	1. 检查电缆智能敷设系统平台电源，连接零/地线 2. 确认输送机工作模式
启动后，输送机启动一下，然后停止	1. 启动瞬间，电源跳闸，启动电流过大 2. 输送机出现异常，报警	1. 检查电源是否跳闸 2. 检查输送机是否报警，解决故障报警
运行过程中，输送机突然停机	1. 线路过载或短路，导致跳闸 2. 电缆智能敷设系统平台监测到设备报警	1. 检查输电线路是否过载温升过大或短路 2. 检查电缆智能敷设系统平台是否监测到报警，若有报警消除报警后即可再次启动
电缆智能敷设系统平台软件界面无监测数据	1. 设备未运行，监测数据为 0 2. 设备已掉线，无检测数据	1. 查看设备情况，确认连线正常 2. 检查设备通信
电缆智能敷设系统平台监测到设备报警	1. 设备运行异常，采集数据超限 2. 设备通信异常，设备掉线	1. 检查设备运行情况或调整设备采集参数设定的限值 2. 检查设备通信情况，保障通信正常

6.4.3　电控柜电气原理图及接线示意图

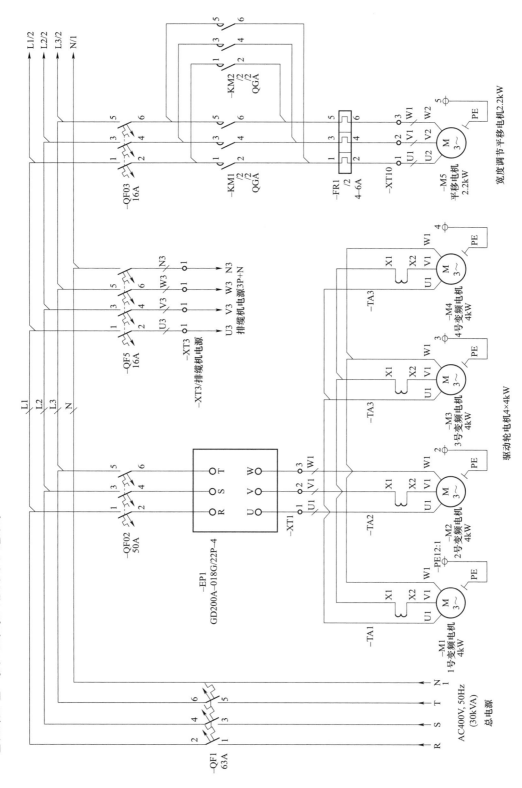

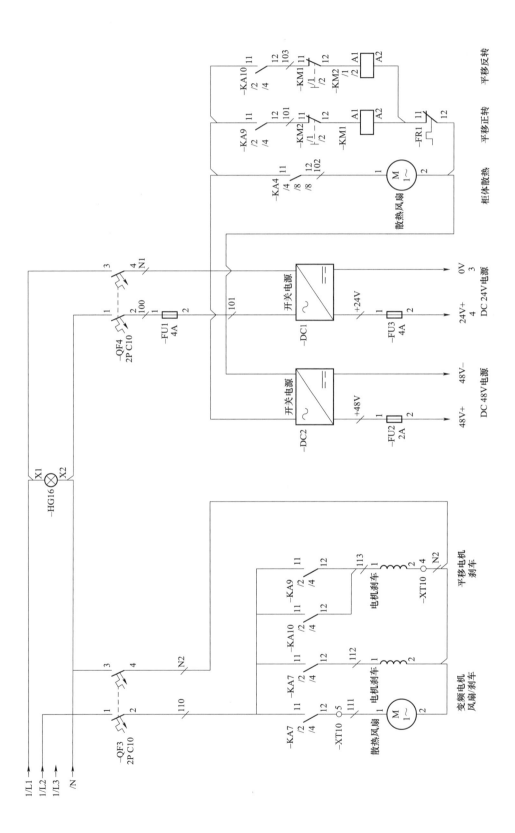

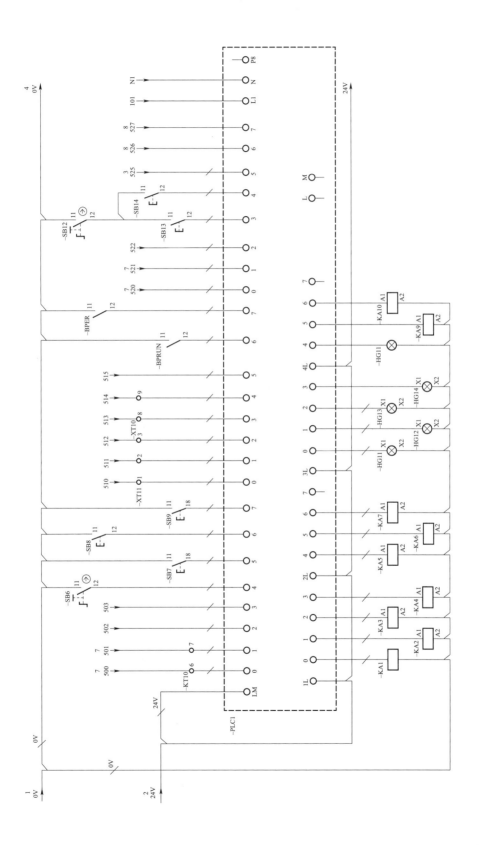

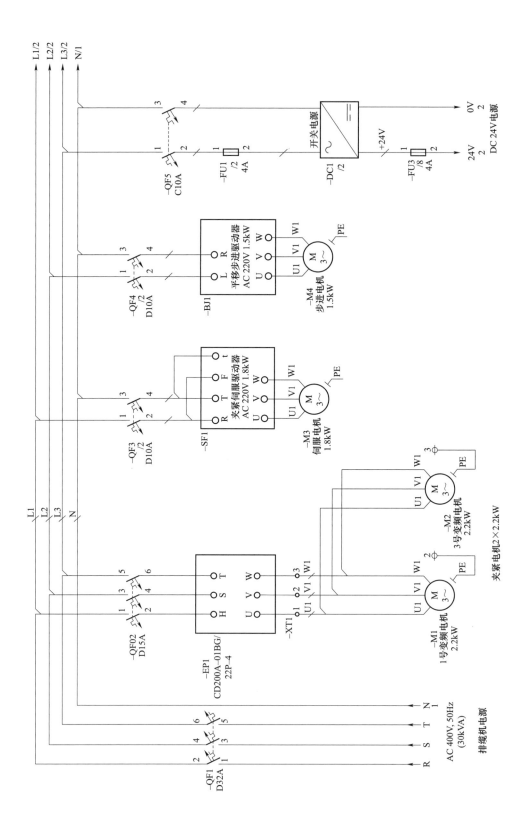

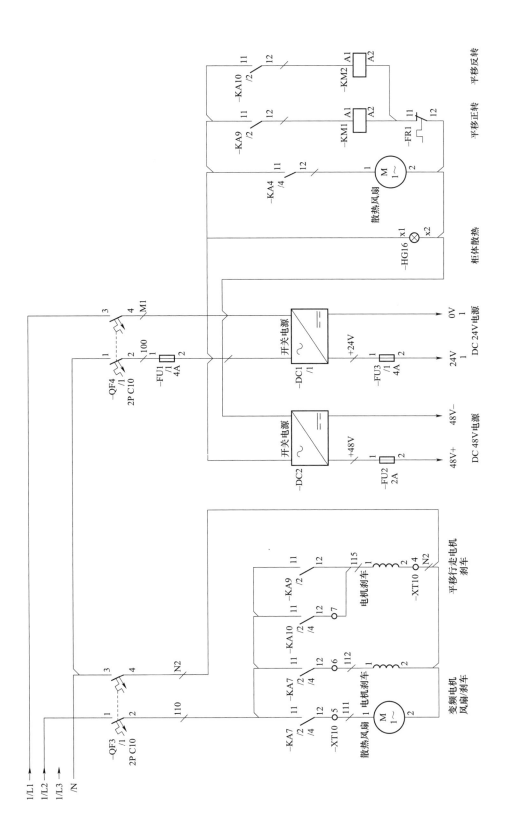

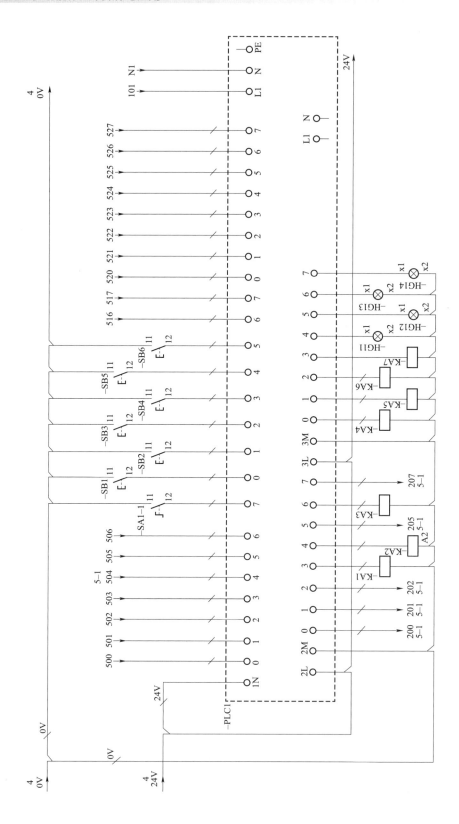

第7章

智能线缆敷设系统操作应用

7.1 设 备 简 介

7.1.1 智能敷设系统介绍

电缆智能敷设系统 DLZFS - 750 主要由智能电缆展放平 DLZF - 50 一台、智能输送机 DLS - 6Z 共 8 台、侧压力 DL - CY 检测一台，拉力 DL - LL 检测一台、智能绞磨机 DLQY - 5 一台，升降平台 DLSJ - 3 共 5 台。主控制电柜 1 台、检测箱 2 个，绞磨机分控箱 1 个及控制线缆等装置组成，可单独使用，也可连线使用。

7.1.2 使用安全守则

（1）只有经过培训后合格的人员才能操作使用 750m 电缆智能敷设系统 DLZFS - 750。

（2）只有经过培训后合格的人员才能维护保养 750m 电缆智能敷设系统 DLZFS - 750。

（3）操作 750m 电缆智能敷设系统 DLZFS - 750 前，应确保机器周围无障碍物。

（4）在 750m 电缆智能敷设系统 DLZFS - 750 测试调试进行中，操作人员绝对不可擅离岗位，随时做好突发状况应变准备，才能将人为疏失所造成之损失降至最低。

（5）本机主控柜使用三相四线电源，主电源电压 AC380V 电源；控制电源电压为 AC220V，小信号处理为 DC24V。

（6）输送机及绞磨机均采用 AC380 三相电源，无零线，操作人员需在其中心点接地处理。

（7）升降平台采用 AC380 三相电源，无零线，需中心点接地处理。升降平台接上电源，应点动一下上升或下降按钮确认其运行方向是否相符，如不符，请及时调整输入电源相序，以确保设备正常使用。否则上升及下降行程开关将失效，损坏设备，影响正常使用。

（8）用于设备本身控制采用 AC380V 电机运行，操作时应特别小心，手湿时请勿碰触控制面板及控制组件，更不能对控制面板喷水，以避免引起故障及人员之危险。

（9）机架及控制柜均有接地标志，必须接地。

（10）修理或维护 750m 电缆智能敷设系统 DLZFS‐750 时应确保已关闭电源，以确保人员安全。

（11）在 750m 电缆智能敷设系统 DLZFS‐750 四周避免使用可燃性喷雾器，以防范火灾危险。

（12）设备控制箱内的元器件、线路板严禁随便碰触或改造，否则容易损坏及引起系统故障。

（13）初次使用 750m 电缆智能敷设系统 DLZFS‐750，应注意如下事项：

1）仔细阅读本使用说明书，以确保设备正常使用。

2）开机前应先检查设备是否有零件缺失，各功能部件是否移位，如有异常，及时修正。

3）开机前应先将智能电缆展放平台 DLZF 一台左右支架放到位（按线缆盘直径及宽度大小），并将所需输送线缆线缆盘置于 750m 电缆智能敷设系统 DLZFS‐750 的滚轮上。

4）第一台输送机距展放平台 10～15m 布置，后面输送机按输送线缆规格型号 50～100m 依次布置（按线缆盘规格型号而定）。

5）绞磨机布置在距最后一台输送机 50～100m 处。

6）拉力检测及侧压力检测按需布置。侧压力检测布置在线缆转弯处，拉力检测布置在绞磨机前面，钢丝绳经绞磨机拉力检测设备后和线缆连接，在绞磨设备运行过程中可在总控台上显示其拉力值。方便在总控台上控制绞磨机及输送机速度。

7）设备总控箱一般布置在展放平台附近，用户需配置遮阳附件，方便查看及设定工控机上的参数。

8）设备整线连接按现场情况布置（后附电控布置示意图供参考）。将主电源连接于总控箱电源输入 125A 航空插座上。其余设备使用电源线均连接于总控箱电源输出 125A 航空插座上。所有设备电源按实际施工环境情况选择按需配置。输送机、绞磨机及升降平台电源均为三相 AC380V 电源，中心点需要接地。

9）所有信号处理线缆配齐，按需选择使用。控制线缆由总控箱、输送机及绞磨‐3‐4‐机依次串联使用。

10）合上电源，在控制柜上设置各运行参数，选择手动档，点动确认各功能正常后，方可联网运行。联网运行时需将输送机、绞磨机均设置在联动状态即可。

11）每日作业完毕，关闭电源，清理设备上的杂物，以方便下次使用。

12）设备应置于室内，置于室外应遮挡处理，以防日晒雨淋，影响正常使用。

7.2 结 构 介 绍

7.2.1 智能电缆展放平台 DLZF－50

（1）设备外形。

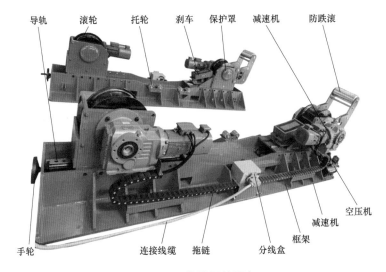

图 7－1 线缆展放平台

（2）功能说明。

1）左右支架用于承载线缆盘，在其上有连接附件如滚轮总成、滚轮进出总成、托轮等。

2）滚轮总成主要由滚轮、滚轮轴、滚子轴承、轴承支座等组成。

3）线缆盘直径大小调节装置主要由丝杆、导轨、轴承、轴承座、手轮的组成。

4）按线缆盘大小，拔下插销，摇动手轮至相应位置，并重新插入插销即可。适用于直径 3500～4200mm 的线缆盘。

5）线缆盘宽度大小调节装置主要由连接耳板、左右连接管、丝杆及螺丝、螺母等组成。

6）按线缆盘宽度大小，将左右支架放置到位，装上宽度调节装置，旋转中心丝杆即可将左右支架调整至合适位置。适用于宽度 3500～5000mm 的线缆盘。

7）防跌落装置主要由滚轮、滚轮支座及其高度调整装置组成，以防线缆盘跌落翻出。

8）电控部分主要由控制柜、按钮、低压电器、工控机、线缆、连接插座（头）等组成。控制柜面板上有自动/点动/联动选择按钮。选择点动按钮用控制各功能点动运行，按住运行，松开停止，主要用于设备调整。选择自动按钮用控制各功能单台运行，点下运行，按停止钮停止，主要用于单台设备运行。选择联动按钮用于展放平台、输送机、绞磨机连线运行，并按输送机设定速度运行，绞磨机及展放平台速度和输送机运行速度相匹配（同步运行）（需将输送机、绞磨机设置在联动状态）。

9）所有故障信号均在工控机上显示。

10）所有参数均可在工控机上设定及调整。

11）设备外形尺寸左右支架约：4000mm×1000mm×1500mm。

12）设备重量：单个支架约2400kg。

13）设备总容量：约38kW，其中展放平台约10kW，输送机1.5kW×2，共8台。绞磨机4kW。

7.2.2　智能输送机DLS−6Z

（1）设备介绍。

如图7−2所示，主要由以下几部分组成：框架、电机、减速器、履带、开关、进出滚轮、压紧丝杆、压力传感器、遥控、控制器、驱动器等组成。输送机间隔50～100m左右布置一台（按线缆规格型号而定），输送机可单独使用及组合使用，也可联网使用，有总控箱控制其运行。

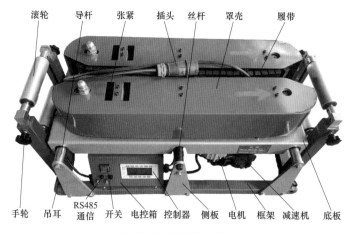

图7−2　智能输送机

（2）技术参数。

输送额定输送力：1000kg。

适用线缆：φ20～200mm。

外形尺寸：约1060mm×520mm×540mm。

重量：约185kg。

（3）输送机操作流程。

1）主电源插座通上电（三相 AC380V），并接上接地保护线。

2）合上电源开关，控制器显示屏亮。

3）按需选择相应速度所对应的挡位，同一组智能线缆输送机上挡位要一致，严禁不同挡位混用。

4）智能线缆输送机速度约为 2～11m/min，按需选择使用。

5）将待输送线缆穿过进出滚轮。

6）确认线缆已穿过进出滚轮，人工旋转压紧丝杆，压紧线缆。压力约 300kg 左右（400kg 以下，按线缆大小而定）。

7）点击控制屏上拉按钮，按数字键 1，线缆按 4m/min 前进，履带带动线缆开始前进，输送至下一输送设备。

8）如输送过程中，出现输送打滑现象，则适时旋转压紧丝杆，将线缆压紧一点即可。

9）如需多台联动：

方法 1：需将各输送机调至同一频道，并按所需联动设备的联动按钮，等所有设备的联动指示灯亮，按任意一台设备上的拉/停或推/停，并按相应挡位即可。

方法 2：需将各输送机调至同一频道，按遥控器上的按拉/停或推/停，并按相应挡位即可。

方法 3：将所有输送机用 RS485 通讯线前后联通并连接于总控箱上，有总控箱控制其运行。

7.2.3　侧压力检测 DL－CY

（1）设备介绍。

1）主要用于转弯的地方，其由固定支架、2 个主滚轮、一个辅助滚轮、压力传感器插座、插头及其检测箱组成。

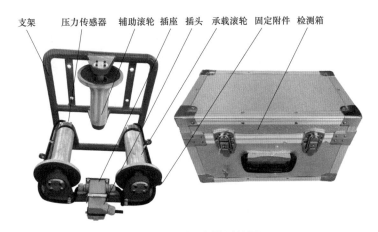

图 7－3　侧压力检测装置

2）转弯处前后一般均设有输送机，线缆经侧压力检测滚轮上输送前进，其压力传感器检测到达压力值反馈至前面一台智能输送机，当侧压力值超过设定值时，其前面的输送机速度略微降低一点，侧压力压力值低于设定值时，其输送速度恢复原值，以确保线缆输送无损伤。

（2）技术参数。

1）侧压力装置按转弯大小布置，一般布置 1～4 台。

2）外形尺寸：约 450mm×400mm×400mm。

7.2.4　拉力检测 DL－LL

（1）设备介绍。

1）拉力检测主要由支架、前后滚轮、中间主滚轮，内置压力传感器、插座、插头、销轴、轴承及分控箱等附件组成。

2）绞磨机牵引钢丝绳经过拉力检测装置后连接于所牵引线缆上，拉力检测装置的检测线缆连接于智能拉力检测控制箱上，在其上可以显示其拉力大小。智能控制器连接于智能绞磨机的控制箱上，用于控制其速度大小。

（2）技术参数。

1）外形尺寸：约 520mm×350mm×450mm。

2）适用钢丝绳：ϕ10～16mm。

3）检测范围：0.5～5t。

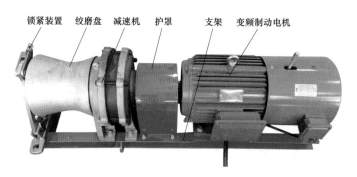

图 7－4　拉力检测装置

7.2.5　智能牵引（绞磨机）装置

（1）设备介绍。

1）智能牵引机 DLQY－5 主要由支架、绞磨盘、变频制动电机、减速器、联轴器、罩壳及智能电控箱组成。

2）可按需配置遥控器，有无线信号的地方均可使用，实现远距离控制。

3）可和前面一套输送机采用 RS485 通信，输送机支架依次连接通讯线缆，直至总控箱，可由总控箱联动控制。

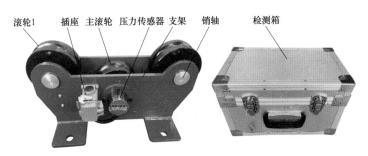

图 7-5　智能牵引（绞磨机）装置

（2）技术参数。

1）输送速度：约 1～11m/min 可调。

2）额定拉力：约 5T。

3）功率：约 4kW。

4）外形尺寸：约 1150mm×450mm×450mm。

7.2.6　升降平台 DLSJ-3

（1）设备介绍。

1）DLSJ-3 升降平台采用蜗轮蜗杆减速机为动力，控制升降机伸缩运行，以控制平台升锁紧装置绞磨盘减速机护罩支架变频制动电机高或降低，可以按需升降至所需位置并自锁，方便作业。

2）升降平台主要由支架、减速机、电机、轴、轴承、铁板及控制线等组成。

（2）技术参数。

1）升降距离约 1000mm。初始位置其高度约 500mm。

2）功率：0.75kW。

3）承载：≥300kg。

4）重量：330kg。

5）外形尺寸：L×B×h 约 1265mm×650mm×500mm。

6）每次移动使用升降平台，应将升降平台接上电源，并点动一下上升或下降按钮确认其运行方向是否相符，如不符，请及时调整输入电源相序，以确保设备正常使用。否则上升及下降行程开关将失效，损坏设备，影响你正常使用。

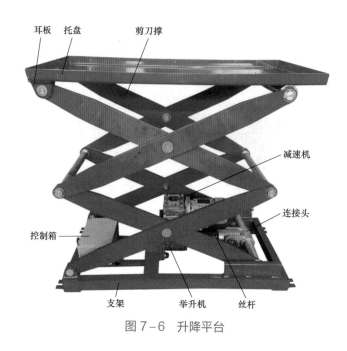

耳板　托盘　剪刀撑　减速机　连接头　控制箱　支架　举升机　丝杆

图 7-6　升降平台

7.3　操 作 应 用

7.3.1　设备安装

线缆敷设装置所有部件运送到达作业场地后，首先开始设备布置安装各装置电源线和信号线进行连接。

（1）线缆展放平台安装。

先将智能电缆展放平台的左右支架放置到位（按线缆盘直径及宽度大小布置），将所需输送的线缆盘通过运用吊装装置，置于电缆智能敷设系统的左右支架的滚轮上。

（2）输送机安装。

线缆输送机的应用，需配合升降机来使用。输送机安装时，首先在特定场地放置升降机，然后将线缆输送机放置于升降机上再分别连接电源。

第一台输送机距展放平台 10～20m 布置，其他输送机按输送线缆规格型号 50～

100m 依次布置。

绞磨机布置在距最后一台输送机 50～100m 处，周围留有空余位置，放置钢丝绳卷盘，钢丝绳卷盘放置于离绞磨机 3～5m 为宜。

（3）侧压力检测按需布置。

侧压力检测布置在线缆转弯处，在绞磨机前面，钢丝绳经绞磨机拉力检测设备后和所输送线缆连接，在绞磨设备运行过程中可在总控台上显示其拉力值。方便在总控台上控制绞磨机及输送机速度。

（4）设备总控箱安装布置。

设备总控箱安放于线缆展放平台附近约 4～6m 处，同时，需配置遮阳及防雨设施，一是方便查看及设定工控机参数；二是防止设备总控箱受到干扰。

（5）设备整线连接按现场情况布置。

设备运转，需提供 380V 外接电源，连接于总控箱电源输入 125A 航空插座上。其余设备使用电源线均连接于总控箱电源输出 125A 航空插座上。

注意：所有设备电源按实际情况按需配置。输送机、绞磨机及升降平台电源均为三相 AC380V 电源，中心点接地。控制线缆由总控箱、输送机及绞磨机依次串联使用，同时，所有设备必须接地线。

合上电源，在控制柜上设置各运行参数，选择手动档，点动确认各功能正常后，方可联网运行。联网运行时需将输送机、绞磨机均设置在联动状态即可。完成以上步骤，方可进行施工作业。

（6）控制版面。

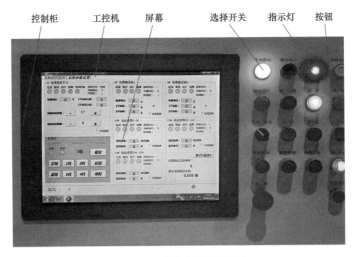

图 7-7　控制面板界面图

7.3.2 操作流程及注意事项

（1）操作流程。

1）主电源插座通上电（主三相五线 AC380V 控制 AC220V），并接上接地保护线。

2）合上电源开关，按屏幕电源按钮工控机显示屏亮。

3）按需选择设定相应速度。

4）电缆智能敷设系统 DLZF-50 速度约为 0～10m/min，按需选择使用。

5）选择手动档，按运行按钮，将线缆输送运行至出第一台输送机，第一台输送机夹紧线缆，展放平台和输送机 1 同步运行，线缆输送运行至出第二台输送机，第二台输送机夹紧线缆，展放平台和输送机 1、2 同步运行，依此类推，直至所有输送机全部运行，此时，选择联动运行。控制柜指示灯按钮选择开关屏幕工控机、展放平台、输送机及绞磨机同时运行，输送机 8 台，按需选择使用；直至线缆放置完毕。

6）确认线缆已穿过输送机进出滚轮，人工旋转压紧丝杆，压紧线缆。

7）升降平台作业应特别注意，每次移动使用，应将升降平台接上电源，并点动一下上升或下降按钮确认其运行方向是否相符，如不符，请及时调整输入电源相序，以确保设备正常使用。否则上升及下降行程开关将失效，损坏设备，影响你正常使用。

8）作业完毕，关闭电源，并清理其上的杂质，做好维护保养，方便下次使用。

（2）注意事项。

1）设备作业场所，严禁闲人进入，特别是孩童，以防意外发生。

2）严禁合上电源开关后，将手或脚等身体部位置于滚轮位置，以防万一。

3）对设备的任何部位维护及保养，均须关闭电源开关后进行。

4）设备应可靠接地。

5）设备不用应置于干燥通风处，长时间不用，每 3 个月至少通电运行一次，时间不少于 10min。

6）设备最大承载为 50T。

7）设备维护必须由专业人员，并持证上岗。

7.4 维 护 保 养

7.4.1 电缆智能敷设系统的维护使用

（1）定期检查驱动减速电机是否正常工作，并定期更换减速机齿轮油，每年更好一次，一次约 200mL，初次使用 300h 后更换一次。

（2）定期做好传动导轨、轴承及各处轴承座的润滑及防锈工作，导轨每周涂抹黄油一次。

（3）定期检查输送机履带松紧，若过松，请及时调整张紧。

（4）定期检查连接插座、插头的松紧，若过松，及时更换。

（5）升降平台作业应特别注意，每次移动使用，应将升降平台接上电源，并点动一下上升或下降按钮确认其运行方向是否相符，如不符，请及时调整输入电源相序，以确保设备正常使用。否则上升及下降行程开关将失效，损坏设备，影响你正常使用。

第四部分

配网施工多功能新型作业车的应用发展篇

第8章

配网施工多功能新型作业车应用现状及发展展望

8.1 多功能新型作业车的应用情况

8.1.1 多功能新型作业车的角色定位

随着科学技术的进步,现代生活对电能的需求日益增加,对配网施工作业要求也提出了新的挑战,对配网施工的效能、质量、安全要求在不断提高,传统的电力工程车在逐步隐退到荧幕之后。在这一背景下,新型的电力工程车即多功能新型作业车应运而生。

相比于传统的电力工程车,多功能新型作业车辆更适合当下的配网施工环境,其具有的多功能、智能化操作、高效率、高精度、强安全性的特点,打破传统的施工格局,提高施工效率、保障施工质量的同时,进一步提高配网施工的安全性。

8.1.2 多功能新型作业车在配网施工中的应用

(1)电力设备安装。

多功能新型作业车可以用于安装电力设备。在配网工程中,电力设备的安装非常重要,而新型多功能作业车可以提供各种各样的设备安装服务。例如,它可以用于安装电缆、配电箱、变压器等各种设备,以及安装各种配电线路和设备。多功能新型作业车的使用可以使得安装工作更加快速、高效、安全。

(2)线路检修维护。

多功能新型作业车可以用于进行线路、设施维护和修理。在配网工程中,电力设备需要定期进行维护和修理，以确保其正常运行。可以用于各种维护和修理工作，例如更换电缆、更换设备、更换配电线路等。多功能新型作业车具有多功能性、智能化操作，可以大幅度提高工作效率，缩短停电时间，保障电力设备的正常运行。

（3）进行危险作业。

多功能新型作业车可以用于进行危险作业。在配网工程中，存在各种危险作业，例如高空作业、电气作业等。这些作业需要特殊的设备和技术来完成。新型多功能作业车可以提供各种危险作业的服务，例如高空作业、电气作业等。使用新型多功能作业车进行危险作业，可以提高工作效率，降低作业风险，保障工人的安全。

8.2 多功能新型作业车应用建议

8.2.1 加强能力培养和考核

多功能新型作业车是一种新型的，专门用于电力配网工程施工的车辆，具有安全、高效、智能等优点，能广泛应用于配网施工作业。然而，车辆在投入到实际配网施工作业中去，就需要对驾驶操作人员严格的培训和考核，经过多轮的系统性培训，通过多功能新型作业车操作考核方能上岗作业。

8.2.2 环境勘测和车辆保养

多功能新型作业车的配备与应用，需要考虑施工现场的具体情况，如地形、道路状况等因素。如果不合理配备，可能会影响施工效率、质量和安全性。因此，在选择作业车时，需要对施工环境进行详细勘测，根据现场施工环境实际情况进行综合考虑，进一步确定选择何种多功能新型作业车配合施工。

8.2.3 优化提升维护管理体系

车辆的维护保养是多功能新型作业车能够投入到施工作业的重要保障，车辆如果出现维护不及时或维护操作不规范，可能会导致车辆出现故障，增加施工成本，影响施工进度。因此，应该建立健全的维护保养制度，加强对新型多功能作业车的维护管理。

8.2.4 加强驾驶员队伍建设

多功能新型作业车在整个电力工程车辆发展应用过程中，投入使用的时间并不长，多功能新型作业车投入配网施工时间屈指可数，所在。随着建设需求和施工难度的不断增加，多功能新型作业车需求在施工企业中的应用需求日益增加。所以对于这些企业来说，存在驾驶员队伍储备不足、驾驶操作人才队伍建设完善度较弱的情况。二十大报告中提出，加强新时代干部队伍建设，因此，加强驾驶施工队伍的建设至关重要，要进一步加强人才队伍的思想淬炼、实践锻炼和专业训练。

8.3　新型多功能作业车发展策略与展望

8.3.1　新型多功能作业车现阶段发展策略

（1）提高智能化水平。

新型多功能作业车在配网工程施工中是不可或缺的，因为它可以帮助工程人员完成高空作业、绝缘作业等工作。但是，传统的电力工程车只能完成基本的操作，缺乏智能化的支持。为了提高多功能新型作业车的智能化水平，在配网工程施工中应用策略是必要的。

（2）应用智能控制系统。

智能控制系统可以实现多功能新型作业车的自动化控制，可以减少人为因素对操作的影响，提高作业效率和安全性。例如，可以利用智能控制系统实现自动控制高空作业车的平衡，使其能够稳定地工作在高空环境中。同时，智能控制系统还可以实现远程控制，可以在操作人员无法到达的地方完成作业。

（3）应用传感器技术。

传感器技术可以实现对多功能新型作业车的实时监控，可以及时发现问题并进行处理，提高作业的安全性。例如，可以在多功能新型作业车上安装高度传感器，实时监测车辆的高度，避免车辆超过安全高度造成事故。同时，传感器技术还可以实现对多功能新型作业车的环境监测，可以根据不同的环境自动调整车辆的工作状态。

（4）应用数据分析技术。

数据分析技术可以对多功能新型作业车的作业数据进行分析，可以及时发现作业中存在的问题，并提出解决方案，提高作业效率和安全性。例如，可以利用数据分析技术对多功能新型作业车的能耗进行分析，找出能耗较高的环节并进行优化，降低作业成本。

8.3.2　新型多功能作业车未来展望

（1）引入新型动力系统。

随着配网工程的不断发展，多功能新型作业车在施工中的作用越来越重要。然而，传统的多功能新型作业车使用的动力系统存在一些问题，例如能源消耗过多、污染环境等。为了解决这些问题，应用新型动力系统是一种有效的策略。

引入新型动力系统可以降低车辆的能源消耗。新型动力系统可以采用新型的能源，例如电池、氢燃料电池等，可以大大减少能源的消耗，提高作业车辆的续航能力和作业效率。例如，美国通用电气公司开发的多功能新型作业车采用电池作为能源，可以连续工作 8 小时以上，而传统的柴油动力车只能工作 4 小时左右。

引入新型动力系统可以减少多功能新型作业车对环境的污染。新型动力系统可以使用清洁能源，例如电能和氢气，不会排放有害物质，可以减少对环境的污染，符合现代社会的环保要求。例如，日本丰田公司开发的氢燃料电池车可以在工作过程中只排放水蒸气，对环境没有任何污染。

（2）加强安全防护措施。

多功能新型作业车属于特种作业车，由于其特殊作业环境的特点，也面临着较高的安全风险。因此，加强安全防护措施是多功能新型作业车在配网工程施工中应用的重要策略。

一是加强安全防护措施可以提高多功能新型作业车的作业安全性。多功能新型作业车在特殊环境作业时，很容易发生意外，如车辆倾覆、工人跌落等，这些意外往往造成严重的人员伤亡和财产损失。加强安全防护措施可以降低这些意外发生的可能性，提高作业安全性。例如，可以在作业车上安装安全警报、防护栏等装置，保护人身安全。同时，可以对作业环境进行安全评估，发现潜在的安全隐患并及时处理。

二是加强安全防护措施可以提高多功能新型作业车的作业效率。作业安全性和作业效率是相互依存的，只有作业安全性得到保障，才能提高作业效率。加强安全防护措施可以降低作业意外的发生率，减少停工时间，提高作业效率。例如，新增智能化控制系统和传感器技术，可以实现自动化控制和远程监测，提高作业效率。

为了克服这些挑战，可以采取一些策略。首先是加强培训。应加强多功能新型作业车操作人员的培训，提升他们的安全意识和技能水平，减少作业意外的发生。其次是引入新技术。应引入新的安全防护技术，如智能化控制系统、传感器技术等，提高作业安全性和效率。

（3）加强维护保养管理。

多功能新型车辆在配网工程施工中的应用必不可少，但是由于其特殊的作业环境和高强度的使用频率，需要进行维护保养管理，建立科学完善的多功能新型作业车管理维护保养体系，是多功能新型作业车保障配网施工的重要条件。

加强维护保养管理可以延长多功能新型作业车的使用寿命。多功能新型作业车在配网工程中承担着重要的作用，但是其使用频率较高，易受损坏。加强维护保养管理可以及时发现和处理车辆故障，延长车辆的使用寿命。例如，可以制定定期保养计划，对多功能新型作业车进行常规检查和保养，提高车辆的可靠性和耐久性。

加强维护保养管理可以提高车辆的作业效率，由于配网工程中需要长时间工作，如果车辆出现故障或损坏，会导致作业中断，影响工期和作业效率。加强维护保养管理可以及时发现和处理车辆故障，避免作业中断，提高作业效率。例如，可以对车辆进行预防性维护，及时更换易损件，减少故障发生的可能性。

8.4　国网宁夏电力对多功能新型作业车应用提升

8.4.1　配网施工对多功能作业车应用概况

国网宁夏电力有限公司是国家电网公司全资子公司，属国有特大型能源供应企业，主要从事宁夏回族自治区境内电网建设、运行、管理和经营，为宁夏经济社会发展提供充足、稳定的电力供应和优质、高效的服务。经营区域覆盖宁夏回族自治区全境，覆盖国土面积 6.64 万平方公里，供电服务人口 725 万人，下辖 6 个地市供电公司、12 个业务支撑单位、27 个县（区）供电公司，1 个产业管理公司，各类用工 1.9 万余人，资产总额 441.93 亿元。

公司依据《国网宁夏电力有限公司关于全面推进配网工程施工转型升级三年行动的通知》重点工作要求，公司全力开展省管产业配网新型施工装备配置工作，引进配网施工多功能新型作业车并应用到配网施工过程中去。设备主要采购配备于国网宁夏电力 6 家地市公司，包括国网银川供电公司、国网吴忠供电公司、国网石嘴山供电公司、国网宁东供电公司、国网中卫供电公司、国网固原供电公司等单位。

根据初步的调研显示，各地市公司多功能新型作业车均已到货，但目前环境下，并没有专业的操作人员去驾驶操作多功能新型作业车或者操作应用不太理想，使得已到位的多功能新型作业车在目前情况下，还不具备投入到配网施工环境中去的条件。进而，亟须对配网施工一线团队进行车辆操作应用进行高质量的培训，提高一线操作人员驾驶能力，强化一线操作人员综合素质，进一步提高配网施工效能，保障工程质量和人员安全。

8.4.2　配网施工队伍人员对多功能作业车应用提升

驾驶人员素质提升是确保工程安全和高效运作的关键因素，根据调研情况，应定期地对一线施工队伍进行技能训练，强化综合素质的同时，对人员的驾驶操作能力、风险防范能力、车辆维护保养能力进行赋能提成，经培训考核合格后才能驾驶操作多功能新型作业车进行施工作业。

通过对配网施工一线操作驾驶人员能力熟练，形成能力提升模块，主要聚焦于三个方面进行赋能提升：

一是驾驶人员素质提升。多功能新型作业车属于特种作业车，驾驶人员须取得相应的特种作业证书方可参与作业，同时，对驾驶员的思想品德进行教育，强化安全意识，深刻理解作业车的潜在风险，采取预防措施，确保自身和周围人员的安全。

二是驾驶员对车型的认识。根据三类车五种车型，围绕各类车型的外观、功能、驾驶注意事项以及维护保养等方面，对车辆整体进行详细说明，让驾驶及操作人员对车型有更深刻的认知，对车辆的操作应用有学习做一定的铺垫。

三是驾驶人员对车辆的操作运用。聚焦车辆的驾驶操作技巧，从车辆的启动、行走、作业、归库等全方位操作流程出发，定期为学员举行培训和实战演练活动，循序渐进地强化驾驶人员对多功能作业车的操作驾驶能力。

8.4.3　建立操作人员考核体系

车辆操作应用考核是确保多功能新型作业车驾驶操作人员具备必要技能和素质以应对各种复杂工作环境和任务的重要手段，为进一步保障培训效果，保障配网施工的安全，建立三类车五种车型的培训考核机制，考核包括对驾驶技能、安全操作、应急响应、沟通协调能力等方面的全面评估。

通过模拟现场操作、知识测试和实际案例分析，评估驾驶人员是否熟练掌握车辆的操作技巧、安全规程，以及是否具备应对紧急情况和与他人协作的能力。这一过程不仅有助于提高驾驶人员的专业水平，也为确保车辆的安全运行和工程质量提供了可靠的保障。

在本书的附件部分，分别设定有对三类型车型的培训开始量表，以保障培训效果，真正做到强化驾驶操作人员对多功能新型作业车的应用能力。

附件：多功能新型作业车考核评估体系

附件一：

施挖立（钻）一体车培训效果考核评估量表

单位名称：姓名：得分：

考核要求：

1. 考试内容：车辆启动，轮式行走，车辆停放，钻孔、抓杆，立杆，钻杆和抓头快换等 7 个方面内容。

2. 考试方法：车辆行走距离不少于 5m，倒车距离不少于 3m。

3. 考试时间：每人考试时间不多于 20min。

4. 考核标准：考核结果≥80 分为合格。

立杆机司机实践操作考核评分表

一、综合考评标准		
出现违反以下 5 项任一情况的，考试不及格		有无出现
1	启动车辆前，不鸣喇叭警示周边人员，未系安全带	
2	钻孔、抓杆、立杆过程发生错误/危险操作，导致电杆脱落、与装备碰撞、装备或钻孔过度倾斜等情况	
3	行走、倒车等工作时发生碰车、翻车等造成事故	
4	停车前，工作装置状态不标准（动臂下放＋斗杆与地面垂直＋铲斗平放地上或抓杆器接触地面）	
5	停车后，未拉起液压先导安全闭锁杆，未按规定顺序熄灭发动机	

二、各项目考试方法及评分标准				
项目	序号	考试内容	评分标准	扣分
车辆启动（10 分）	1	启动前的检查	"三油一水"检查不到位，扣 2 分	
	2	上下车辆	出现有人在车辆作业时上、下车辆，手里提着工具时上、下车辆，跳上、跳下车辆，把任意控制杆当扶手使用现象，扣 2 分	
	3	启动发动机	出现起动发动机时未关好驾驶室门，或站在履带上、地面上起动车辆，连续启动车辆每次启动时间较长，超过 10 秒等现象，扣 2 分	

269

项目	序号	考试内容	评分标准	扣分
车辆启动（10分）	4	启动后检查	未对车辆进行预热（5分钟左右），或未对仪表、油泵等正常性检查扣2分	
	5	熄火	停车后未在怠速下运转散热冷却，高温下直接熄火扣2分	
轮式行走（15分）	1	起步	出现未鸣喇叭、未认真查看周围情况、未确认安全直接起步。操作行走操纵杆时动作过快，起步冲击过大等现象，扣5分	
	2	行走	行走时未做到大臂落下，小臂收回，铲斗收回或不能及时修正方向，不按规定路线行走，出现走偏的扣5分	
	3	倒车	倒车时，未观察周围情况、未发出倒车信号、未鸣喇叭警示。或倒车时车速过快，不稳，不能及时修正方向，不按规定路线行走，出现走偏或出现熄火。扣5分	
车辆停放（5分）		水平面停放	停车位置不当，停在危险位置。停车前，工作装置状态不标准（动臂下放+斗杆与地面垂直+铲斗平放地上）；停车后，未关好车内空调及电器，未按规定熄火发动机和拉起先导操纵杆，未关车窗、车门，扣5分	
钻孔（35分）	1	钻孔、甩土	钻孔方位误差超过0.5m，扣10分	
	2		钻杆未正确收回，发生干涉或碰撞，扣15分	
	3		没有调整垂直动作，扣10分	
抓杆（35分）	1	抓杆、行走	抓杆时抓伤电线杆，扣15分	
	2		空载时，不能精确将电杆抓牢水平提起50cm正确操作上车回转，扣20分	
得分				

附件二：

架空一体化作业车培训效果考核评估量表

单位名称：姓名：得分：

考核要求：

1. 考试内容：车辆启动，变压器举升，电缆收放线，汽油发电机，液压绞盘，钻孔，折弯，拉线制作，车辆归库等9个方面内容。

2. 考试方法：从车辆启动至车辆归库9项内容全流程考核。

3. 考试时间：每人考试时间不多于30分钟。

4. 考核标准：考核结果≥80分为合格。

架空一体化作业车实践操作考核评分表

一、综合考评标准

出现违反以下 4 项任一情况的，考试不及格。		有无出现
1	启动车辆前，不鸣喇叭警示周边人员，未系安全带	
2	变压器举升过程发生错误/危险操作，导致变压器脱落	
3	行走、倒车等工作时发生碰车、翻车等造成事故	
4	停车前，工作装置状态不标准（液压支腿未收回，叉车门架未恢复原始状态等）	

二、各项目考试方法及评分标准

项目	序号	考试内容	评分标准	扣分
车辆启动 （10 分）	1	启动前的检查	"三油一水"，车辆尾部叉车提升机构是否固定牢靠，工具箱门、卷帘门是否关好、上锁，支腿和升降照明灯是否收回等检查不到位，扣 2 分	
	2	隐患排除	清除排气管、发动机等高温部位上的如棉纱、枯叶等可燃物，若无此操作扣 2 分	
	3	上下车辆	出现有人在车辆作业时上、下车辆，手里提着工具时上、下车辆，跳上、跳下车辆，把任意控制杆当扶手使用现象，扣 2 分	
	4	启动发动机	出现起动发动机时未关好驾驶室门，或地面上起动车辆，连续启动车辆每次启动时间较长，超过 10 秒，取力器开关未断开等现象，扣 2 分	
	5	启动后检查	未对仪表、油泵等正常性检查扣 2 分	
变压器 举升 （25 分）	1	液压系统启动	启动取力器开关时未踩下离合，液压系统启动后未对油泵运转声音进行检查，扣 3 分	
	2	叉齿翻转	液压系统启动后未解除叉齿限位装置，将叉车叉齿翻转 180°，扣 4 分	
	3	叉车空载运行	液压系统启动后未对叉车门架进行倾斜、回正，提升、收回等操作扣 4 分	
	4	变压器提升	出现提升变压器前未将叉车门架前倾，导致叉齿触碰变压器器身；提升变压器时未将叉车门架回正，导致变压器倾斜等操作扣 4 分	
	5	变压器放置	出现放置变压器时叉齿提升不到位等操作扣 4 分	
	6	叉车门架复位	变压器放置后，应将叉齿轻微下移后进行回收，若出现直接驶走车辆导致变压器出现移动等情况扣 3 分	
	7	叉车门架固定	叉车门架回收后，未将叉齿上翻 180° 进行固定，扣 3 分	
电缆收 放线 （10 分）	1	电缆卷盘空载运行	液压系统启动后对双线缆卷盘进行空转运行，检查卷盘转速是否正常，有无干涉，若为此操作，扣 2 分	
	2	收线前准备	未将线缆与卷盘进行固定，扣 2 分	
	3	线缆回收	线缆收线完毕后，未将线缆进行捆扎，直接拆下线缆，扣 3 分	
	4	线缆放线	放线时应注意卷盘转速，若出现放线速度过快，导致线缆在车内发生堆积，扣 3 分	

项目	序号	考试内容	评分标准	扣分
汽油发电机（10分）	1	启动前检查	未进行接地，未检查汽油液位，机油液位，扣5分	
	2	发电机启动	启动后，未检查发电机电流、电压等关键因素，扣5分	
液压绞盘（10分）	1	启动前检查	打开绞盘上端拨盖，液压绞盘空载运行，检查绞盘是否运转流畅，未执行此操作，扣5分	
	2	液压绞盘使用	使用液压绞盘时，未按照规定要求对牵引物进行可靠固定，扣5分	
钻孔（10分）	1	钻机使用前准备	未将钻机从车上取下直接使用，或未将钻机放置在坚固牢靠地面，扣2分	
	2	钻机安装	使用前未安装冷却罐，扣2分	
	3	钻机固定	使用前未打开磁力座开关，扣2分	
	4	钻孔准备	未摇动钻机转轮，将钻头顶死工件，扣2分	
	5	板件钻孔	钻孔过程出现钻孔定位不准确，重复定位现象，扣2分	
折弯（10分）	1	折弯前准备	接通电磁泵电源，折弯机空载运行，观察折弯机运行是否平稳，压力表读数是否异常，若无此操作，扣3分	
	2	板件折弯	折弯时板件应放置在折弯机载物架上，一端用手掌辅助固定，按下控制器按钮对板件进行折弯，观察压力表读数，压力值不得超过70MPa，若无此操作或顺序有误，扣4分	
	3	折弯机复位	完成折弯工作后，取出板件，按下控制器按钮，将折弯机复位，若无此操作，扣4分	
拉线制作（10分）	1	拉线前准备	拉线前应将拉线装置空载运行，观察其运转是否发生干涉，推杆运行是否流畅，若无此操作，扣2分	
	2	钢绞线折弯	将钢绞线置入折弯端，并用手将钢绞线压紧在拉线装置底板上，若未执行此操作扣3分	
	3	钢绞线压紧	调整压线台与推杆间距，将楔形线夹与钢绞线放置在压线台上，用手压紧楔形线夹，并使用快压夹具对楔形线夹辅助压紧，缓慢按压遥控器开关，利用推杆将线夹压紧，若操作不当扣3分	
	4	拉线装置复位	完成拉线操作后，将电动推杆复位，若未执行此操作扣2分	
车辆归库（5分）	1	车辆停靠	结束作业后，工作人员将各部件收回并复位，检查作业现场是否遗漏工具，将车门上锁，驾驶员将车辆开至指定停靠地点，关闭车辆发动机，下车后关闭车辆电源，未按照规定操作扣5分	
得分				

附件三：

多功能线缆牵引车培训效果考核评估量表

单位名称：姓名：得分：

考核要求：

    1. 考试内容：设备安装、线缆敷设、作业完成、车辆归库等 4 个方面内容。

    2. 考试方法：从车辆启动至车辆归库 9 项内容全流程考核。

    3. 考试时间：每人考试时间不多于 30 分钟。

    4. 考核标准：考核结果≥80 分为合格。

线缆敷设实践操作考核评分表

一、综合考评标准			
出现违反以下 2 项任一情况的，考试不及格。			有无出现
1	未按要求安装设备，导致事故发生		
2	线缆牵引过程中，导致设备侧翻		

二、各项目考试方法及评分标准				
项目	序号	考试内容	评分标准	扣分
设备安装（40 分）	1	线缆展放装置安装	线缆展放装置位安放平稳，有角度倾斜，扣 3 分	
	2		线缆展放装置未按要求接线，扣 3 分	
	3		没有为线缆展放装置链接地线，扣 4 分	
	4		线缆盘放置滑脱，扣 4 分	
	5	输送机安装	输送机放置不平稳，扣 3 分	
	6		输送机未按照要求链接线路扣 3 分	
	7		输送机未按照要求连接地线扣 4 分	
	8	牵引机拉力检测装置安装	未按照使用要求安装固定拉力检测装置，扣 3 分	
	9		未正确连接信号线路，扣 3 分	
	10	绞磨机安装	绞磨机安装放置没有在平坦路面，扣 3 分	
			绞磨机未按照安装要求链接线路，扣 3 分	
			绞磨机未链接地线，扣 4 分	
	11	监控系统安装	死角位置未安装智能监控装置，扣 4 分	
线缆敷设（46 分）	1	敷设准备	操作人员未正确着装，未配有安全帽、工装、绝缘鞋、对讲机，扣 6 分	
	2	设备启动	由于线路链接问题，出现设备无法启动，扣 6 分	

273

续表

项目	序号	考试内容	评分标准	扣分
线缆敷设 （46 分）	3	线缆输送链接	线缆起始段和绞磨机钢丝绳连接部位松脱，扣 6 分	
	4	线缆输送	输送机输送电缆出现卡带，扣 6 分	
	5		输送机输送电缆未受力，扣 6 分	
	6		线缆进入有限空间，未在滑轨上运行，与地面出现摩擦，扣 6 分	
	7		压力检测装置无数据，扣 4 分	
	8		出现特殊情况，未及时停止设备，导致部分设备侧翻，扣 6 分	
作业完成 （12 分）	1	线缆展放平台拆除	出现工器件遗漏，扣 2 分	
	2	输送机拆除	出现工器件遗漏，扣 2 分	
	3	绞磨机拆除	出现工器件遗漏，扣 2 分	
	4	压力检测装置拆除	出现工器件遗漏，扣 2 分	
	5	控制平台拆除	出现工器件遗漏，扣 2 分	
	6	摄像头拆除	出现工器件遗漏，扣 2 分	
设备归库 （2 分）	1	未按要求正确放置设备	设备放置有误，扣 2 分	
得分